陕西省“十四五”职业教育规划教材
高等职业教育机电类专业系列教材

钳工实训指导教程

第 2 版

主　编　郭　力
副主编　张浩辰
参　编　屠宏刚　韩　佳
主　审　修学强

机 械 工 业 出 版 社

本书积极贯彻落实党的二十大及二十届二中全会和三中全会精神，聚焦为党育人、为国育才的初心使命，落实大国工匠、高技能人才的培养要求，依据“钳工实训”课程的课程标准和要求而编写，内容参考了钳工国家职业技能标准，助推“岗课赛证创”相互融通，践行制造强国战略。

本书共9个模块，以实训室安全教育及钳工基本知识开始，重点介绍划线、锯削、锉削、錾削、孔加工、螺纹加工、刮削及研磨8个钳工基本操作技能，每个钳工基本操作技能均附有技能训练项目，每个技能训练内容均围绕项目化教学进行设计。在本书附录中收录了钳工国家职业技能标准（2020版）和钳工中级工理论及实操样卷。

本书在内容上融入大国工匠先进人物事迹，通过对大国工匠人物故事的了解和学习，帮助学生和读者增长见识，丰富学识，塑造品格，培养德智体美劳全面发展的社会主义建设者和接班人，践行立德树人根本任务。

本书可以作为高职院校装备制造大类专业学生的钳工实训教材，也可以作为企业人员及职业技术培训教材或相关专业技术人员参考用书。

本书配有电子课件，凡使用本书作教材的教师可登录机械工业出版社教育服务网（http://www.cmpedu.com），注册后免费下载。咨询电话：010-88379375。

本书配有钳工操作的实操录像，读者可扫描相应的二维码观看学习。

图书在版编目（CIP）数据

钳工实训指导教程 / 郭力主编. -- 2版. -- 北京：机械工业出版社，2025. 7. --（陕西省“十四五”职业教育规划教材）（高等职业教育机电类专业系列教材）.

ISBN 978-7-111-77941-4

Ⅰ. TG9

中国国家版本馆CIP数据核字第2025SQ0436号

机械工业出版社（北京市百万庄大街22号　邮政编码100037）

策划编辑：王英杰　　责任编辑：王英杰

责任校对：潘　蕊　陈　越　　封面设计：张　静

责任印制：任维东

北京科信印刷有限公司印刷

2025年8月第2版第1次印刷

184mm×260mm · 8.5印张 · 204千字

标准书号：ISBN 978-7-111-77941-4

定价：33.00元

电话服务　　网络服务

客服电话：010-88361066　　机　工　官　网：www.cmpbook.com

010-88379833　　机　工　官　博：weibo.com/cmp1952

010-68326294　　金　书　网：www.golden-book.com

封底无防伪标均为盗版　　机工教育服务网：www.cmpedu.com

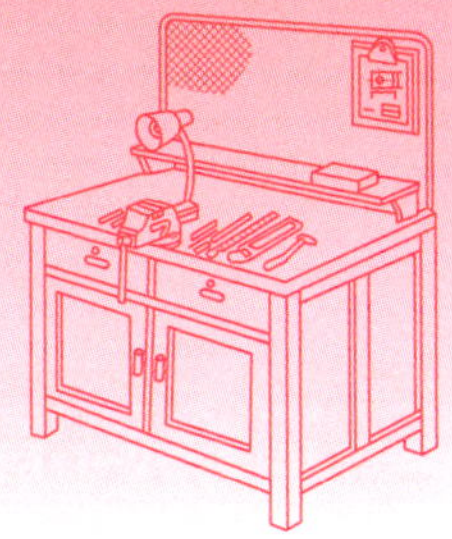

前言

本书以培养装备制造大类高技能人才为目标，聚焦钳工操作技能，重点介绍钳工工作场地及常用设备、钳工常用量具及使用方法、划线、锯削、锉削、錾削、孔加工、螺纹加工、刮削及研磨等钳工基本操作技能。每个钳工基本操作技能均附有技能训练项目。此外，本书在附录中收录有钳工国家职业技能标准和钳工中级工理论与实操样卷。本书可以满足高等职业院校装备制造大类专业学生钳工技能的实训教学和工匠精神培养，也有助于企业和社会人员通过学习获取钳工技能等级证书，实用性较强。

“钳工实训”是理实一体化课程，有助于培养学生的职业道德和工匠精神。本书编写基于多年钳工实训教学及钳工技能培训的经验与总结，内容设计便于学生自学。同时，本书可以使学生在 2 周的实训教学时间内，基本掌握钳工操作的各项基本技能，也是实施劳动教育、创新教育和提高动手能力的基础教材。

与同类教材相比，本书主要特色如下。

1. 便于学生自学。本书的每个钳工技能操作模块都含有实操理论知识和技能操作两部分内容。实操理论知识包括各操作技能相关的理论知识和该技能的操作要点和方法，便于学生在实训过程中和实训外对于不懂的内容进行学习。

2. 理实一体，工学结合。本书基于项目化学习的教学理念，每个钳工基本操作技能均附有技能训练项目，每个技能训练内容均围绕项目化教学进行设计，项目化的教学设计从钳工实训课程教学实际出发，便于在实际的教学中实施理实一体化的教学模式。

3. 图文并茂，通俗易懂。在本书的编写过程中，力求图文并茂、易学易懂，教师用得顺手，学生看得明白。

4. 内容的系统性。钳工教学的目的是使学生掌握钳工的基本操作技能。本书将钳工涉及的钳工工作场地及常用设备、钳工常用量具及使用方法、划线、锯削、锉削、錾削、孔加工、螺纹加工、刮削及研磨等操作技能系统化，使学生能够较为全面地学习和掌握。

5. 深化职业理想和职业道德教育。本书在内容编写上融入了大国工匠先进人物事迹，通过对大国工匠人物故事的了解和学习，教育引导学生深刻理解并自觉实践职业精神和职业规范，增强职业责任感，培养爱岗敬业、无私奉献及开拓创新的职业品格和行为习惯。

全书共有 9 个模块，由陕西国防工业职业技术学院郭力任主编，负责编写模块 1~模块 4、模块 6、模块 7 及附录；由陕西国防工业职业技术学院张浩辰任副主编，负责编写模块 8；陕西国防工业职业技术学院韩佳编写模块 5，屠宏刚编写模块 9。全书由陕西国防工业职业技术学院修学强担任主审。在本书的编写过程中，中国航发西安动力控制科技有限公司、西安钧诚精密制造有限责任公司的企业技术专家给予了诸多建议和意见，在此表示感谢。

由于编写人员水平所限，书中难免有不妥之处，敬请读者批评指正。

编　者

二维码清单

名　　称	图形	名　　称	图形	名　　称	图形
1.1 实训室安全守则		3.1 锯削和手锯		6.4 铰孔	
1.2 实训室卫生管理制度		3.2 常见工件的锯削操作		7.1 攻螺纹	
1.3 钳工安全操作规程		4.1 锉削和锉刀		7.2 套螺纹	
1.4 钳工工艺范围		4.2 常见结构锉削方法		8.1 刮削	
1.5 钳工安全操作规则		5.1 錾削和錾子		8.2 手刮法	
1.6 钳工的主要设备		5.2 常见结构錾削方法		8.3 挺刮法	
1.7 钳工常用量具		6.1 钻孔		9. 研磨	
2.1 划线工具及其使用		6.2 扩孔			
2.2 立体划线实例		6.3 锪孔			

目录

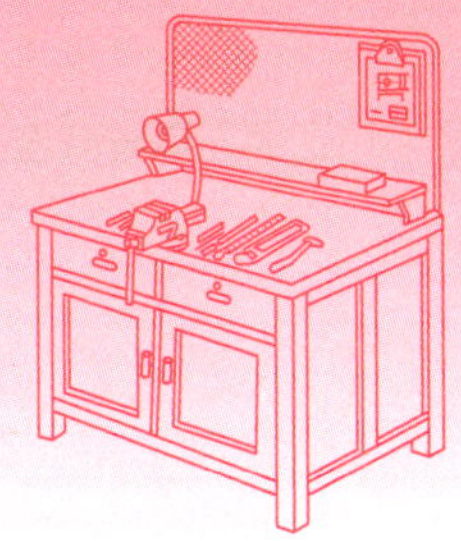

模块1

安全教育及钳工基本知识准备

学习目标

1. 熟记实训室安全相关制度，遵守钳工安全操作规程。
2. 熟知钳工的主要任务、工作场地及常用设备。
3. 理解钳工常用设备的使用场合及注意问题。
4. 掌握钳工常用量具的使用方法、测量读数及保养方法。
5. 培养脚踏实地和细致认真的职业素养。

机械设备都是由若干部件或零件组成的，而大多数零件是用金属材料制成的。随着科学技术的发展，一部分机械零件已经能用精密铸造、冷挤压、增材制造（3D打印）技术等方法制造，但绝大多数零件还是需要通过金属切削加工的方法获得。金属切削加工是使用刀具从待加工毛坯（或工件）上切除多余的金属，并在控制生产率和成本的前提下，使工件得到符合设计和工艺要求的几何精度、尺寸精度和表面质量。

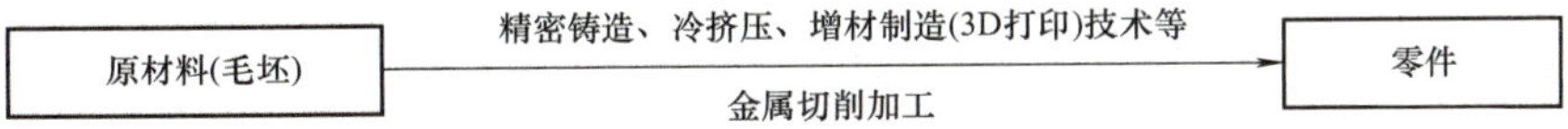

在进行金属切削加工前，通常先要把原材料经过铸造、锻造、焊接等工艺方法制成毛坯，然后经过车、铣、刨、磨、钳、热处理等加工方法制成零件，最后将零件装配成机械设备。因此，一台机械设备的产生是需要许多工种的相互配合来完成的。机械制造厂一般都有铸工、锻工、焊工、车工、铣工、刨工、磨工、钳工和热处理工等多个工种。

钳工的工作涵盖了从零部件加工到设备维护的多个环节。在航空航天、机械制造和汽车制造等行业，钳工是不可或缺的角色。在这些行业中不便于使用机械设备完成的加工工序，都可考虑通过钳工操作来完成。

钳工的工作内容包括解读和理解图样和技术要求，准备工作材料，使用相关工具和设备进行加工和制造，检查和测量制品尺寸和质量，以及进行必要的修整和调试。钳工需要了解与熟悉材料和工具，具备良好的耐心、细致的工作态度和出色的手工技巧。

随着科技的发展，钳工的工作也在不断演进和发展，例如引入了电动工具以及孔加工数控设备，以提高生产效率和精度。同时，钳工也需要不断学习和适应新的工艺和技术，以适应现代制造业的需求。

“钳工实训”课程就是培养上述钳工技能的依托课程，既是高等职业院校装备制造大类专业基础实践教学的重要环节，也是实施劳动教育、创新教育和提高动手能力的重要课程。该课程具有基础性、实用性、知识性、实践性与创新性等特点，是培养技术技能型人才的重要基础课程之一。

1.1　安全教育

实训室是高等职业院校人才培养的重要场所，加强实训室安全管理、普及安全知识对保障广大师生人身安全和学校财产安全有着十分重要的意义。

1.1.1　实训室安全守则与卫生管理制度

实训室安全守则

1. 实训室安全守则

1）实训室内应保持整洁、严肃，严禁吸烟，未经批准无关人员不得进入实训室。

2）首次进入实训室的实训工作人员或学生，应进行实训室安全教育。

3）实训学生及指导教师必须严格遵守实训室的各项安全制度及操作规程，规范操作并采取安全措施。

4）实训室消防器材应有专人管理，使其保持良好的备用状态，发现短缺或失效应立即上报，及时补充或更换。

5）实践指导教师应懂得基本灭火方法，会使用消防器材，能根据不同火情采取相应的灭火措施。

6）实训室内的工具、设备、耗材等要做好保护和防盗工作。任何物品不准私自拿出实训场所，外部门借用须经相关领导同意并办理借用手续。

7）实训室必须做到门窗完好严实，门锁有效。任何人不得私配实训室钥匙。未经领导批准，实训室钥匙不得转交他人。

8）实训室供电线路应由专业电工布设，禁止私拉乱接。供电、照明、通风等设施应经常检修，保持完好，发现问题及时报告。通道上不得堆放杂物，以保持其畅通。

9）接待外单位人员来实训室进行实训或学习须提前报告，待批准后方可进行。

10）出现事故隐患或发生事故时，实训室负责人应及时向领导汇报。全体工作人员均有义务及时采取有效措施防止事态发展，避免或减少损失。

11）实训过程中学生不得擅自离开岗位，实训结束后及时清理现场物品，进行安全检查，切断电源、关闭水源和门窗。

12）实训室应根据学校实验实训室分级管理要求建立安全检查制度，并做好日常安全检查记录。

实训室卫生管理制度

2. 实训室卫生管理制度

1）保持良好的实训室卫生环境是参与实训师生的责任和义务，所有相关人员应积极主动做好环境卫生工作，自觉维护和遵守卫生制度。

2）注重个人卫生，严禁携带食品、饮料进入实训室。

3）实训室为无烟区，禁止吸烟。

4）下雨天不许将雨具带进实训室。

5）每天实训结束后，应由指导教师安排值日学生打扫实训室。

6）注意保持实训室的干净整洁，不乱扔垃圾和废弃物。

7）工作区桌面保持整洁，实训工具和物品应妥善、有序放置，养成良好的职业习惯。

8）实训室卫生执行情况与实训班级的整体成绩挂钩，对违反实训室卫生管理制度的学生，要及时进行批评教育。

钳工安全操作规程

1.1.2 钳工安全操作规程

1. 工作前应按规定穿戴好防护用品，女生发辫要装入工作帽内。

2. 实训人员应当在熟悉各类设备的安全操作说明书后再进行操作。

3. 所使用的工具必须齐备、完好、可靠才能开始工作。禁止使用有裂纹、带毛刺、手柄松动等不符合安全要求的工具。

4. 工作中注意周围人员及自身的安全，防止因工具脱落，工件及切屑飞溅造成伤害，两人以上一起工作要注意协调配合。

5. 工作时思想要集中，不要做与工作无关的事，要做到文明生产。

6. 所用手锤等工具要经常检查，不得有裂纹、飞边、毛刺，顶部不得淬火，锤柄要安装牢固，严禁戴手套操作。使用手锤时须注意周围有无障碍物和人员，避免危险发生。

7. 锤头上不能有油污，锤击操作时要戴好防护眼镜，锤头有卷边和毛刺时，要磨去后再使用。

8. 不准在虎钳上击打工件，虎钳夹持大工件时应使工件落到钳底，对精密工件加工要放铜或铝钳口。

9. 装卸精密件时必须用木槌、铜棒击打工件；有软材料为垫时，方可使用铁锤击打。

10. 使用手电钻和手砂轮时，必须有接地线，必须戴绝缘手套，使用前应先找电工检查绝缘情况，有漏电的严禁使用。

11. 使用手锯时不要用力过猛，当要锯断工件时应放慢锯削速度，以免折断锯条伤手或砸脚。

12. 工作完毕或因故离开工作岗位，必须将设备和工具的电、气、水、油源断开。工作结束后，须清理干净现场切屑等杂物，且必须使用工具，禁止手拉嘴吹，以免伤人。

钳工工艺范围

1.1.3 钳工的主要任务

钳工大多是用手工工具并经常在台虎钳上进行手工操作的一个工种。钳工的主要任务如下：

1. 加工零件

一些采用机械加工方法不适宜或不能解决的加工，都可由钳工来完成。如零件加工过程中的划线、精密加工（如刮削、研磨、锉削样板和制作模具等）以及检验和修配等。

2. 装配

把零件按机械设备的装配技术要求进行组件、部件装配和总装配，并经过调整、检验和试车等，使之成为合格的机械设备。

3. 设备维修

当机械设备因在使用过程中产生故障、出现损坏或长期使用后精度降低而影响使用时，也要通过钳工进行维护和修理。

4. 工具的制造和修理

制造和修理各种工具、夹具、量具、模具及各种专用设备。

随着机械制造行业的日益发展及数控设备的不断普及，许多精度高、形状复杂零件的加工已经可以通过机床直接完成，但是设备安装调试和维修是机械难以完成的，这些工作仍需钳工的精湛技艺去完成。因此，钳工是机械制造业中不可缺少的工种。作为钳工，必须掌握划线、錾削、锯削、锉削、钻孔、扩孔、锪孔、铰孔、攻螺纹、套螺纹、校直与弯曲（矫正与弯形）、铆接、刮削、研磨、机器装配调试、设备维修、测量和简单热处理等各项基本操作技能。

1.2　钳工工作场地及常用设备

钳工安全操作规则

1.2.1　钳工工作场地

钳工工作场地是钳工的固定工作地点。钳工工作场地应有完善的设备且应布局合理，这是钳工操作的基本条件，也是安全文明生产的要求，同时还是提高劳动生产率和产品质量的重要保证。

1. 合理布置主要设备

应将钳工工作台安置在便于工作和光线适宜的位置，钳台之间的距离应适当，钳台上应安装安全网。钻床应安装在工作场地的边缘，砂轮机安装在安全可靠的地方，最好与工作间隔离开，以保证使用的安全。

2. 毛坯件和工件应分别放置

毛坯件和工件应分别放置在料架上或规定的地点，排列整齐平稳，便于取放，避免已加工面被磕碰，同时还不能影响操作者的工作，以保证安全。

3. 合理摆放工具、夹具、量具

常用工具、夹具、量具应放在工作位置的近处，便于随时拿取。工具、量具不得混放一起。量具用后应放在量具盒里。工具用完后，应整齐地放在工具箱内，不得随意堆放，以免发生损坏、丢失及取用不便。

4. 工作场地应保持整洁

工作结束后，应将工（量）具清点，放回工（量）具箱，擦拭钳台和设备，清理场地的切屑及油污。

1.2.2　钳工常用设备

钳工的主要设备

1. 钳工工作台

钳工工作台是钳工专用的工作台。如图 1-1 所示，钳工工作台台面上装有台虎钳、安全网，也可放置平板、钳工工具、工件和图样等。

钳工工作台多为铁木结构，台面上铺有一层软橡胶，其高度一般为 800~900mm，长度和宽度可根据工作需要而定。台虎钳在钳工台上安装后的钳口高度位置如图 1-2 所示，一般多以钳口高度恰好等于人的手肘高度为宜。

2. 台虎钳

台虎钳由两个紧固螺栓固定在钳台上，用来夹持工件。其规格以钳口的宽度来表示，常用的有 100mm、125mm、150mm 等。

台虎钳有固定式和回转式两种，如图 1-3 所示。后者使用较方便，应用较广，它由活动

图 1-1 钳工工作台

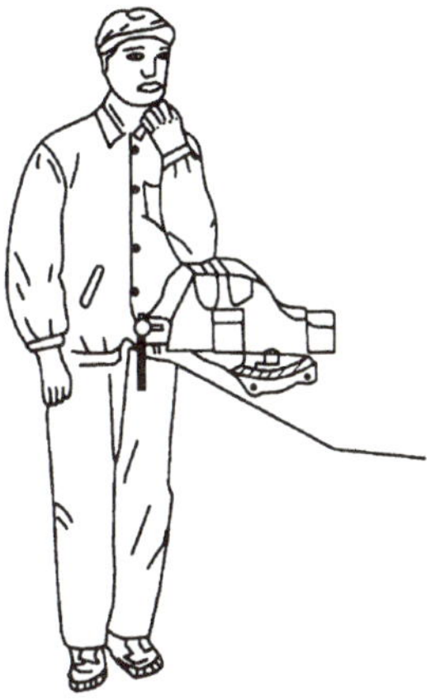

图 1-2 钳口高度

钳身、固定钳身、丝杠、螺母、夹紧盘和转盘座等主要部分组成。

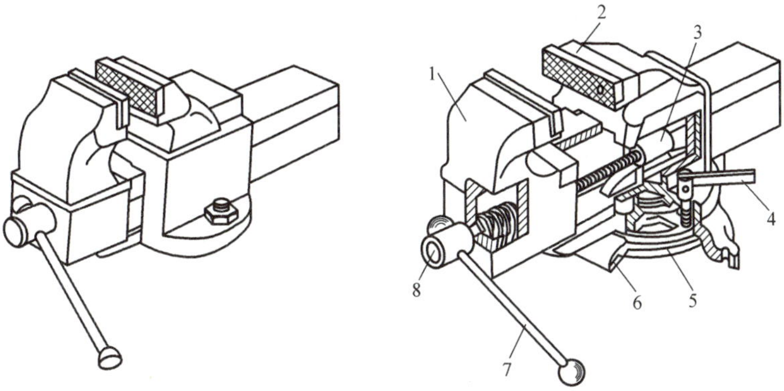

a) 固定式　　b) 回转式

图 1-3 台虎钳

1—活动钳身 2—固定钳身 3—螺母 4—短手柄 5—夹紧盘 6—转盘座 7—长手柄 8—丝杠

操作时，顺时针转动长手柄 7，可使丝杠 8 在螺母 3 中旋转，并带动活动钳身 1 向内移动，将工件夹紧；当逆时针旋转长手柄 7 时，可使活动钳身向外移动，将工件松开。

固定钳身 2 装在转盘座 6 上，并能绕转盘座轴线转动，当转到要求的方向时，扳动短手柄 4 使夹紧螺钉旋紧，便可将台虎钳整体锁紧在钳台上。

使用台虎钳时应注意以下几点：

1）安装台虎钳时，一定要使固定钳身的钳口工作面露出钳台的边缘，以方便夹持长条形工件。此外，固定台虎钳时螺钉必须拧紧，钳身工作时不能松动，以免损坏台虎钳或影响加工质量。

2）在台虎钳上夹持工件时，只允许依靠手臂的力量来扳动手柄，决不允许用锤子敲击手柄或用管子接长手柄夹紧，以免损坏台虎钳。

3）在台虎钳上进行錾削等强力作业时，应使作用力朝向固定钳身。

4）台虎钳的砧座上可用锤子轻击作业，不能在活动钳身上进行敲击作业。

5）丝杠、螺母和其他配合表面应保持清洁，并加油润滑，以使操作省力，防止生锈。

3. 砂轮机

砂轮机可用来刃磨錾子、钻头、刀具及其他工具，也可用来磨去工件或材料上的毛刺、锐边或多余部分等。如图 1-4 所示，砂轮机主要由砂轮、电动机、防护罩、托架和砂轮机座等组成。

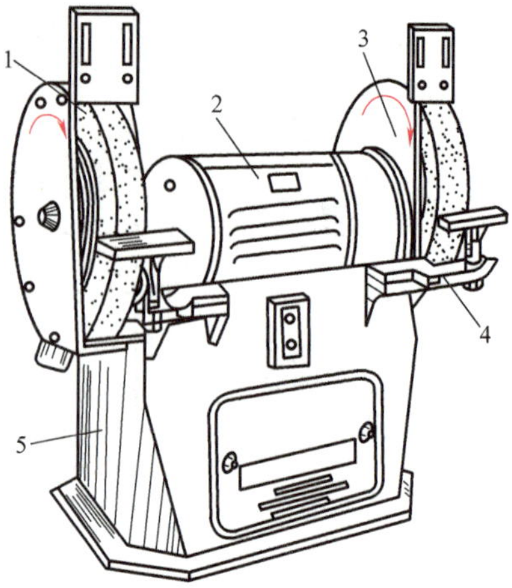

图 1-4　砂轮机

1—砂轮　2—电动机　3—防护罩　4—托架　5—砂轮机座

砂轮由磨料与黏结剂等黏结而成，质地硬而脆，工作时转速较高，易产生砂轮碎裂的伤人事故。因此，使用砂轮机时应注意以下几点：

1）砂轮的旋转方向应正确，要与砂轮罩上的箭头方向一致，使磨屑向下方飞离砂轮与工件。

2）砂轮起动后，要稍等片刻，待砂轮转速进入正常状态后再进行磨削。

3）严禁站立在砂轮的正面操作。操作者应站在砂轮的侧面，以防砂轮片飞出伤人。

4）磨削刀具或工件时，不能对砂轮施加过大的压力，并严禁刀具或工件对砂轮产生冲击，以免砂轮碎裂。

5）砂轮机的托架与砂轮间的距离应保持在 3mm 以内。若间距过大，则容易将刀具或工件挤入砂轮与托架之间，造成事故。

6）砂轮正常旋转时应平稳、无振动。砂轮外缘跳动较大致使砂轮机产生振动时，应停止使用，进行修整。

1.3　钳工常用量具

钳工常用量具

为了保证零件和产品的质量，必须用测量器具对其进行测量。可单独或与其他装置一起使用，用以确定几何量值的器具称为几何量测量器具（简称“测量器具”）。几何量测量器具的种类很多，根据其特点和用途可分为长度测量器具、角度测量器具、几何误差测量器具、表面结构质量测量器具、齿轮测量器具、螺纹测量器具以及其他测量器具等多种类型。下面主要介绍钳工常用的部分测量器具。

1.3.1　游标卡尺

游标卡尺是一种中等精度的量具，可以直接量出工件的外径、孔径、长度、宽度、深度和孔距等尺寸。

1. 游标卡尺的结构

图 1-5 所示为普通游标卡尺的结构型式。它由尺身、游标、制动螺钉、内测量爪和外测量爪五部分组成。游标卡尺可分为 1/10、1/20 和 1/50 三种，对应的分度值分别是 0.1mm、0.05mm 和 0.02mm。一般常用 1/50 的游标卡尺。

游标卡尺上的外测量爪可用来测量外径和长度尺寸，内测量爪用来测量内径尺寸，尾部伸出的测杆可用来测量深度。使用时松开螺钉，推动游标在尺身上移动，通过两个量爪卡住被测量零件，通过读取卡尺上的数值来确定测量的尺寸。

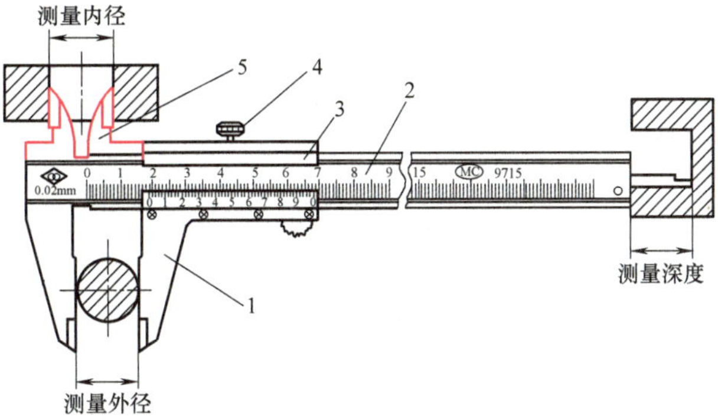

图 1-5 普通游标卡尺的结构型式

1—外测量爪 2—尺身 3—游标 4—制动螺钉 5—内测量爪

2. 游标卡尺的刻线原理和读法

图 1-6 所示为 1/50 游标卡尺刻线原理。尺身上每小格为 1mm，当两量爪合并时，游标上的 50 格刚好与尺身上的 49mm 对正。尺身与游标每格之差为：1mm−49mm/50＝0.02mm，此差值即为 1/50 游标卡尺的分度值。

如图 1-7 所示，用游标卡尺测量工件时，读数方法可分为以下三个步骤：

1）读出游标上零线左侧尺身的毫米整数。

2）找出游标上与尺身刻线对齐的那一条刻线（第一条零线不算，第二条起每格算 0.02mm）并读出数据。

3）把尺身和游标上的尺寸加起来即为测得尺寸。

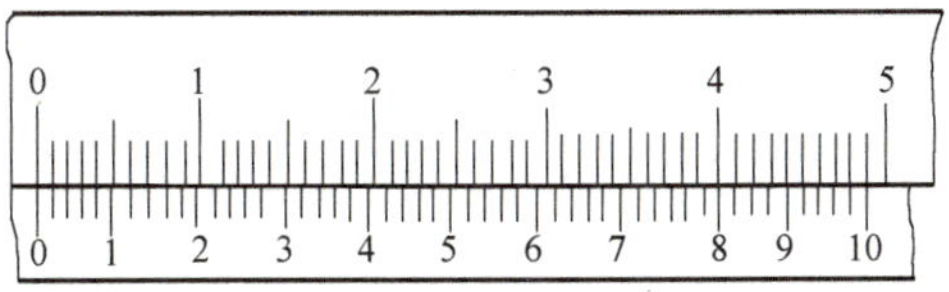

图 1-6 1/50 游标卡尺刻线原理

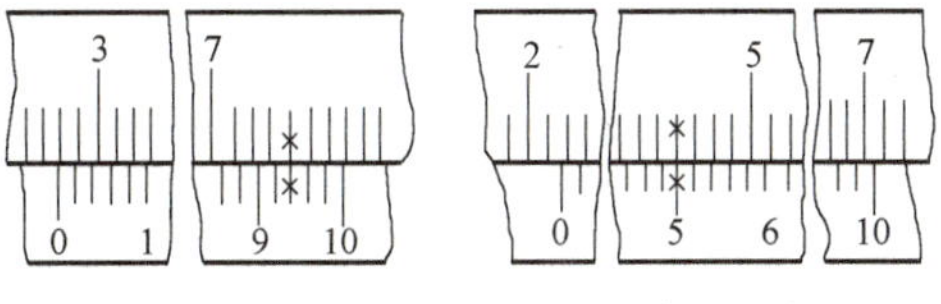

图 1-7 1/50 游标卡尺的读数方法

测量工件尺寸时，应按工件的尺寸大小和尺寸精度要求选用量具。游标卡尺只适用于中等精度（IT10～IT16）尺寸的测量和检验。不能用游标卡尺去测量铸锻件等毛坯的尺寸，因为这样容易使量具很快磨损而失去精度；也不能用游标卡尺去测量精度要求高的工件，因为游标卡尺存在一定的示值误差。由表 1-1 可知，1/50 游标卡尺的示值总误差为±0.02mm，因此不能测量精度较高的工件尺寸。

表 1-1 游标卡尺的示值总误差 （单位：mm）

分度值	示值总误差
0.02	±0.02
0.05	±0.05

如果条件所限，只能用游标卡尺测量精度要求高的工件时，就必须先用量块校对卡尺，了解误差数值，在测量时要把误差考虑进去。

除了图 1-5 所示的普通游标卡尺外，还有深度游标卡尺、高度游标卡尺和齿厚游标卡尺等。其刻线原理和读数方法与普通游标卡尺相同。

1.3.2 千分尺

千分尺是一种精密量具，它的测量精度比游标卡尺高，而且比较灵敏。因此，对于加工精度要求较高的工件尺寸，要用千分尺来测量。

1. 千分尺的结构

千分尺的结构如图 1-8 所示。图中 1 是尺架，尺架的左端有砧座 3，右端是表面有刻线的固定套管 2，里面是带有内螺纹（螺距 0.5mm）的衬套 7，测微螺杆 6 右面的螺纹可沿此内螺纹回转，并用轴套 4 定心。在固定套管 2 的外面是有刻线的微分筒 9，它用锥孔与测微螺杆 6 右端锥体相连。转动手柄 5，通过偏心锁紧可使测微螺杆 6 固定不动。松开罩壳 10，可使测微螺杆 6 与微分筒 9 分离，以便调整零线位置。棘轮盘 13 用螺钉 8 与罩壳 10 连接，转动棘轮盘 13，测微螺杆 6 就会移动。当测微螺杆 6 的左端面接触工件时，棘轮盘 13 中的棘轮在棘爪销 12 的斜面上打滑，测微螺杆 6 就停止前进。由于弹簧 11 的作用，使棘轮在棘爪销斜面滑动时发生吱吱声。如果棘轮盘 13 反方向转动，则拨动棘爪销 12、微分筒 9 转动，使测微螺杆 6 向右移动。

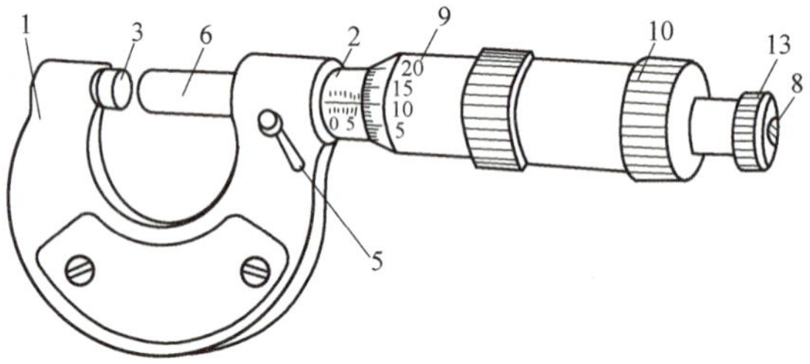

a)

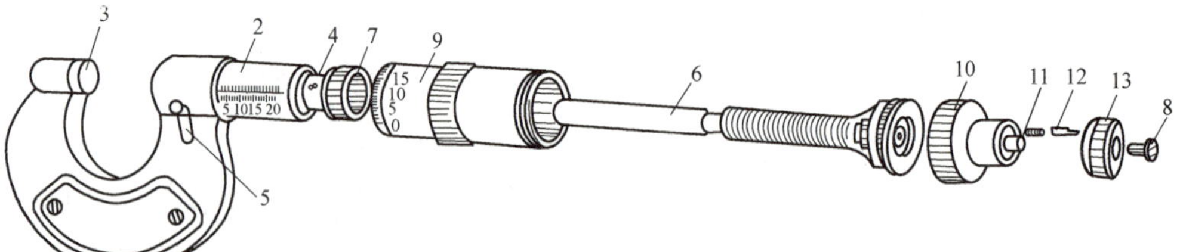

b)

图 1-8　千分尺的结构

1—尺架　2—固定套管　3—砧座　4—轴套　5—手柄　6—测微螺杆　7—衬套　8—螺钉　9—微分筒　10—罩壳　11—弹簧　12—棘爪销　13—棘轮盘

2. 千分尺的刻线原理及读数方法

测微螺杆右端螺纹的螺距为 0.5mm，当微分筒转一周时，测微螺杆就移动 0.5mm。微分筒圆锥面上共刻有 50 格，因此微分筒每转一格，测微螺杆就移动 0.5mm/50 = 0.01mm。

固定套管上刻有主尺刻线，每格 0.5mm。

在千分尺上读数的方法可分为以下三步：

1）读出微分筒边缘在固定套管主尺的毫米数和半毫米数。

2）看微分筒上哪一格与固定套管上基准线对齐，并读出不足半毫米的数值。

3）把两个读数加起来就是测得的实际尺寸。

图 1-9 所示为千分尺的读数方法。

3. 千分尺的测量范围和精度

千分尺的规格按测量范围分有 0～25mm、25～50mm、50～75mm、75～100mm、100～125mm 等。使用时按被测工件的尺寸选用。

千分尺的制造精度分为 0 级和 1 级两种，0 级精度最高，1 级稍差。千分尺的制造精度主要由它的示值误差和两测量面平行度误差的大小来决定。

4. 内径千分尺

内径千分尺用来测量内径及槽宽等尺寸，外形如图 1-10 所示。内径千分尺的刻线方向与千分尺的刻线方向相反。测量范围有 5～30mm 和 25～50mm 两种，其读数方法和测量精度与千分尺相同。

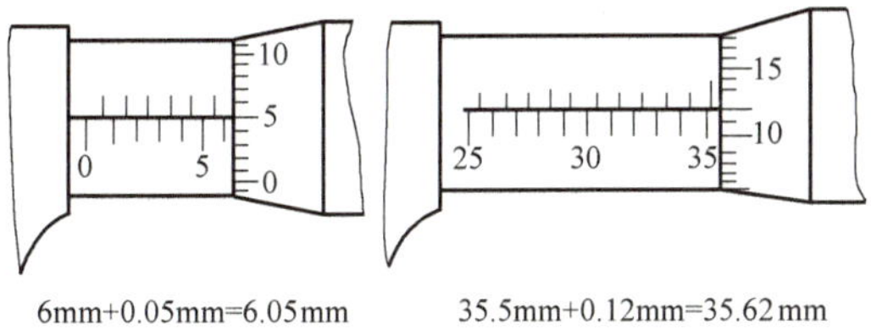

图 1-9　千分尺的读数方法

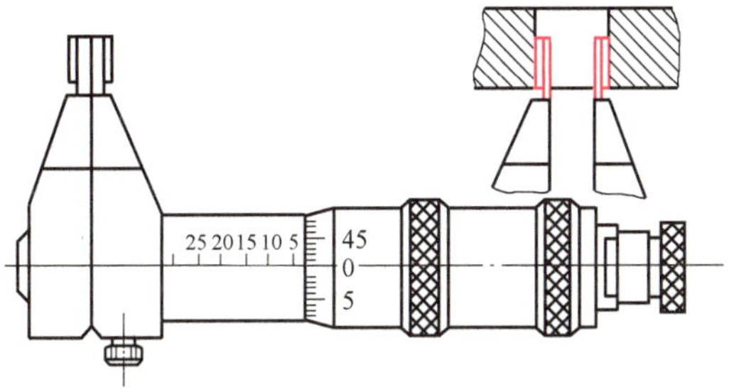

图 1-10　内径千分尺

5. 其他千分尺

除了千分尺和内径千分尺外，还有深度千分尺、螺纹千分尺（用于测量螺纹中径）和公法线千分尺（用于测量齿轮公法线长度）等，其刻线原理和读数方法与千分尺相同。

1.3.3　百分表

百分表可用来检验机床精度和测量工件的尺寸误差和几何误差。

1. 百分表的结构

百分表的结构如图 1-11 所示：1 是淬硬的触头，用螺纹旋入齿杆 2 的下端。齿杆的上端有齿。当齿杆上升时，带动齿数为 16 的小齿轮 3。与小齿轮 3 同轴装有齿数为 100 的大齿轮 4，再由这个齿轮带动中间的

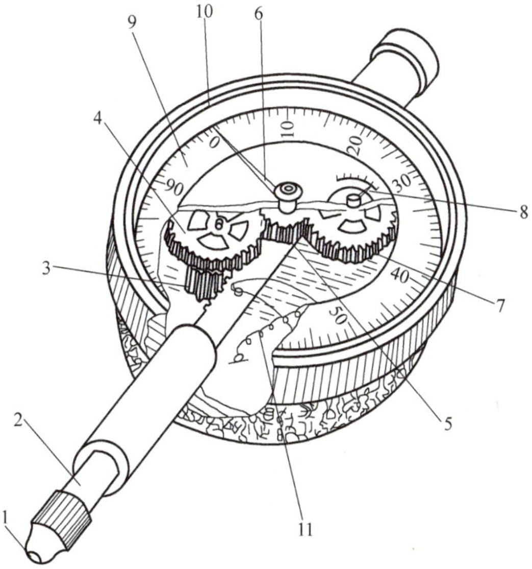

图 1-11　百分表的结构

1—触头　2—齿杆　3、5—小齿轮　4、7—大齿轮
6—长指针　8—短指针　9—表盘　10—表圈　11—拉簧

齿数为10的小齿轮5。与小齿轮5同轴装有长指针6，因此长指针就随着小齿轮5一起转动。在小齿轮5的另一边装有大齿轮7，在其轴下端装有游丝，用来消除齿轮间的间隙，以保证其精度。该轴的上端装有短指针8，用来记录长指针的转数（长指针转一周时短指针转一格）。拉簧11的作用是使齿杆2能回到原位。在表盘9上刻有线条，共分100格。转动表圈10，可调整表盘刻线与长指针的相对位置。

2. 百分表的刻线原理

百分表内的齿杆和齿轮的周节是0.625mm。当齿杆上升16齿时（即上升0.625mm×16=10mm），16齿小齿轮转一周，同时齿数为100齿的大齿轮也转一周，就带动齿数为10的小齿轮和长指针转10周，即齿杆移动1mm时，长指针转一周。由于表盘上共刻100格，因此长指针每转一格表示齿杆移动0.01mm。

3. 内径百分表

内径百分表可用来测量孔径和孔的形状误差，对于测量深孔极为方便。

内径百分表的结构如图1-12所示。在测量头端部有可换触头1和量杆2。测量内孔时，孔壁使量杆2向左移动而推动摆块3，摆块3使杆4向上推动百分表触头6，使百分表指针转动而指出示值。测量完毕时，在弹簧5的作用下，量杆回到原位。

通过更换可换触头1，可改变内径百分表的测量范围。内径百分表的测量范围有6~10mm、10~18mm、18~35mm、35~50mm、50~100mm、100~160mm、160~250mm等。

内径百分表的示值误差较大，一般为±0.015mm。

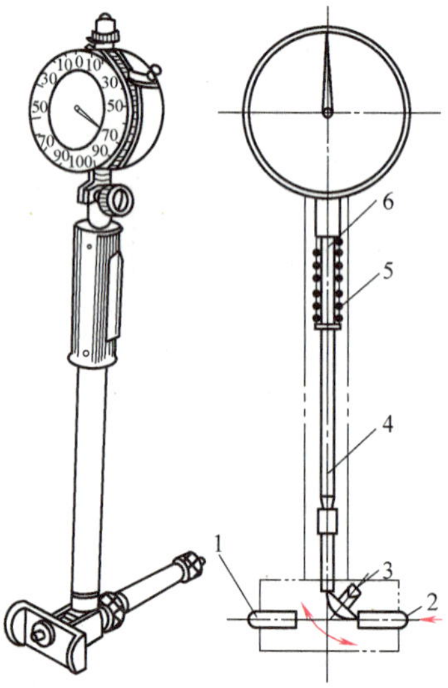

图1-12　内径百分表的结构

1—可换触头　2—量杆　3—摆块
4—杆　5—弹簧　6—触头

1.3.4　游标万能角度尺

游标万能角度尺是用来测量工件内外角度的量具。按游标的分度值分为2′和5′两种，其示值误差分别为±2′和±5′，测量范围是0°~320°。下面介绍分度值为2′的游标万能角度尺的结构、刻线原理和读数方法。

1. 游标万能角度尺的结构

如图1-13所示，游标万能角度尺由刻有角度刻线的尺身1和固定在扇形板2上的游标3组成。扇形板可以在尺身上回转移动，形成与游标卡尺相似的结构。直角尺5可用支架4固定在扇形板2上，直尺6用支架固定在直角尺5上。如果拆下直角尺5，也可将直尺6固定在扇形板上。

2. 游标万能角度尺的刻线原理及读数方法

尺身刻线每格1°，游标刻线是将尺身上29°所占的弧长等分为30格，即每格所对的角度为29°/30。因此，游标1格与尺身1格相差：

$$1^\circ-\frac{29^\circ}{30}=\frac{1^\circ}{30}=2'$$

即游标万能角度尺的分度值为2′。

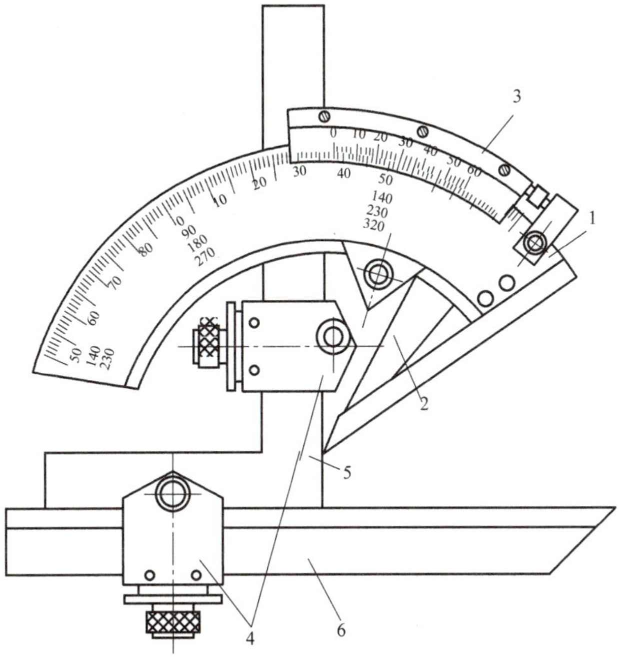

图 1-13 游标万能角度尺的结构

1—尺身 2—扇形板 3—游标 4—支架 5—直角尺 6—直尺

3. 游标万能角度尺的使用方法

游标万能角度尺的读数方法和游标卡尺相似，先从尺身上读出游标零线前的整度数，再从游标上读出角度“′”的数值，两者相加就是被测的角度数值。

4. 游标万能角度尺的测量范围

由于直尺和直角尺可以移动和拆换，因此游标万能角度尺可以测量 0°～320°的任何角度，如图 1-14 所示。

1.3.5 塞尺

塞尺是具有准确厚度尺寸的单片或成组的薄片，用于检验间隙的实物量具。它有两个平行的测量平面，每套塞尺由若干片组成，如图 1-15 所示。测量时，用塞尺片直接塞入间隙，当一片或数片能塞进两贴合面之间，则一片或数片的厚度（可由每片上的标记值读出）即为两贴合面的间隙值。

图 1-16 所示为用塞尺配合直角尺检测工件垂直度的情况。塞尺可单片使用，也可多片叠起来使用，在满足所需尺寸的前提下，片数应越少越好。塞尺容易弯曲和折断，测量时不能用力太大，也不能用于测量温度较高的工件，用完后要擦拭干净，及时合到夹板中。

1.3.6 直角尺

直角尺用来检验工件相邻两个表面的垂直度。如图 1-17 所示，钳工常用的直角尺有宽座直角尺和样板直角尺两种。

用直角尺检验零件外角度时，使用直角尺的内边，如图 1-18a 所示；检验零件的内角度时，使用直角尺的外边，如图 1-18b 所示。

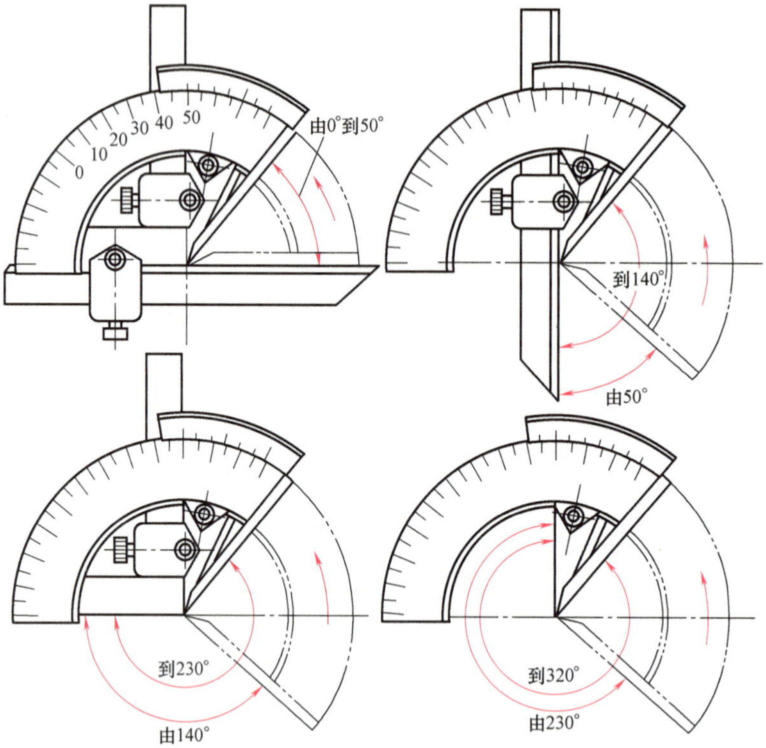

图 1-14 游标万能角度尺的测量范围

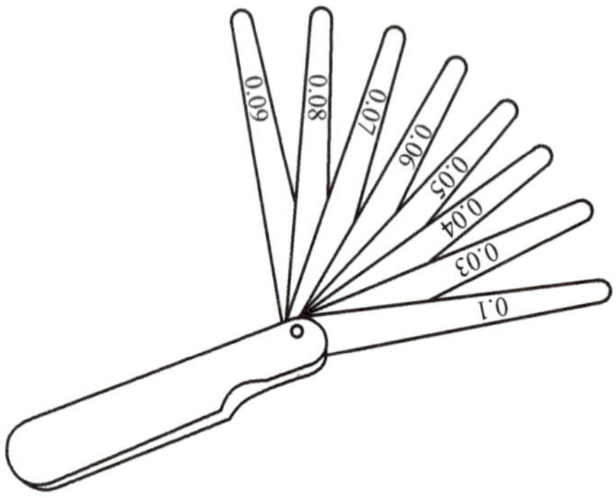

图 1-15 塞尺

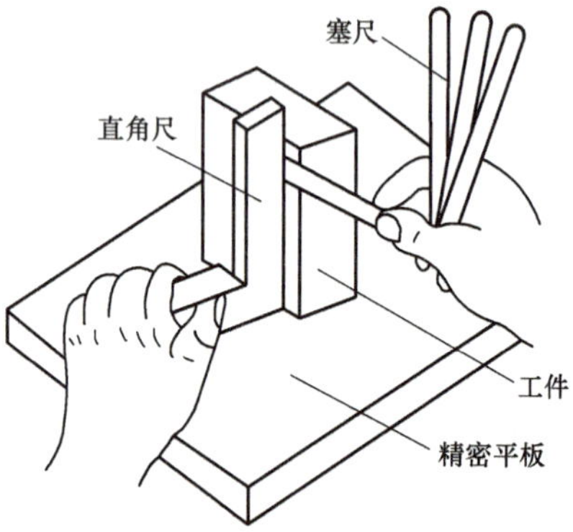

图 1-16 用塞尺配合直角尺检测工件垂直度

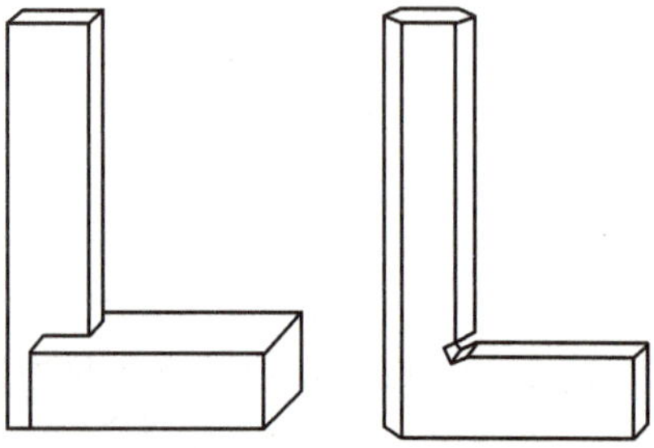

a) 宽座直角尺 b) 样板直角尺

图 1-17 直角尺

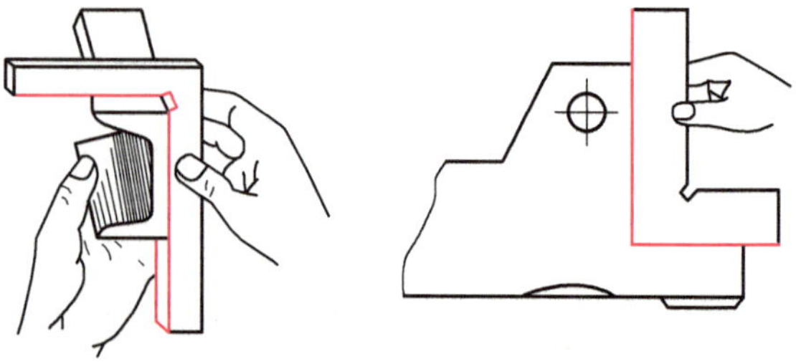

a) 检验外角度 b) 检验内角度

图 1-18 直角尺检验零件

1.3.7　刀口尺

刀口尺具有一个刀口状的测量面，用于测量平面形状误差。其结构如图 1-19 所示，它是样板平尺中的一种，因它有圆弧半径为 0.1~0.2mm 的棱边，故可用漏光法或痕迹法检验直线度和平面度误差。它具有结构简单、操作方便、测量效率高等优点，是机械加工常用的测量器具。

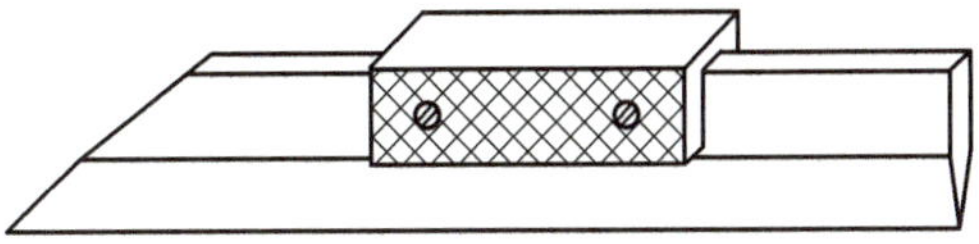

图 1-19　刀口尺的结构

用刀口尺测量平面度误差时，手握刀口尺的绝热护板，使刀口测量面轻轻地（凭刀口尺的自重）与工件被测表面垂直接触，采用透光法检查。如果刀口尺测量面与被测线之间透光均匀一致，说明该处较平直。当透光不均匀或光隙较大时，可借助于塞尺试塞获取其间隙值。测量时应在纵向、横向、对角方向多处逐一进行测量，其最大直线度误差即为该测量面的平面度误差，如图 1-20 所示。

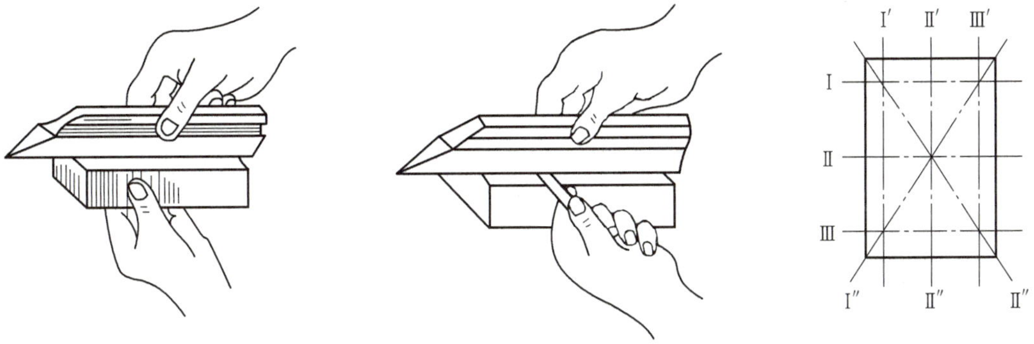

图 1-20　用刀口尺测量平面度误差的方法

1.3.8　常用量具的维护和保养

为了保持测量器具的精度，延长其使用寿命，必须要注意测量器具的维护和保养。为此，应做到以下几点：

1）测量前应将测量器具的测量面擦洗干净，以免脏物存在而影响测量精度和加快测量器具的磨损。不能用精密测量器具测量粗糙的铸、锻毛坯或带有研磨剂的表面。

2）测量器具在使用过程中，不能与刀具、工具等堆放在一起，以免磕碰；也不要随便放在机床上，以免因机床振动使测量器具掉落而损坏。

3）测量器具不能当作其他工具使用，例如用千分尺当小锤子使用、用游标卡尺划线等都是错误的。

4）温度对测量结果的影响很大，精密测量一定要在 20℃左右进行；一般测量可在室温下进行，但必须使工件和量具的温度一致。测量器具不能放在热源（电炉子、暖气设备）附近，以免因受热变形而失去精度。

5）不要把测量器具放在磁场附近，以免使其磁化。

6）发现精密测量器具有不正常现象（如表面不平、有毛刺、有锈斑、尺身弯曲变形、活动零部件不灵活等）时，使用者不要自行拆修，应及时送交计量部门检修。

7）测量器具应保持清洁。测量器具使用后应及时擦拭干净，并涂上防锈油放入专用盒内，存放在干燥处。

8）精密测量器具应定期送计量部门鉴定，以免其示值误差超差而影响测量结果。

工匠故事

李凯军：令人震惊的“手上功夫”

李凯军，河北乐亭人，中国共产党党员。中国第一汽车集团公司铸造有限公司产品技术部模具制造车间钳工班长，生产技术部首席技师，为吉林省获中华技能大奖第一人；是全国劳动模范，全国五一劳动奖章和中华技能大奖获得者，中国高技能人才十大楷模之一，2019 年，当选“大国工匠年度人物”。

他刻苦钻研模具制造专业知识，练就高超的钳工技术，加工制造了数百种优质模具，尤其是出色完成了重型车变速箱壳体等高难度压铸模具的制造，在我国高、精、尖复杂模具加工方面独树一帜。中国第一汽车集团公司生产的红旗等高档车型有大量关键性零部件、很多高精尖模具都诞生于李凯军之手。

思考与练习

1. 实训室安全守则及安全操作规程都有哪些？
2. 实训室有哪些卫生管理制度？
3. 钳工的主要任务是什么？
4. 钳工的常用设备有哪些？使用时都要注意哪些问题？
5. 游标卡尺可以测量哪些尺寸？它的测量精度如何？
6. 试述千分尺的示值读取方法。
7. 百分表可以用在哪些场合？
8. 试述游标万能角度尺的测量范围。
9. 塞尺、直角尺、刀口尺是如何使用的？其测量范围有哪些？
10. 量具的维护保养要注意什么？

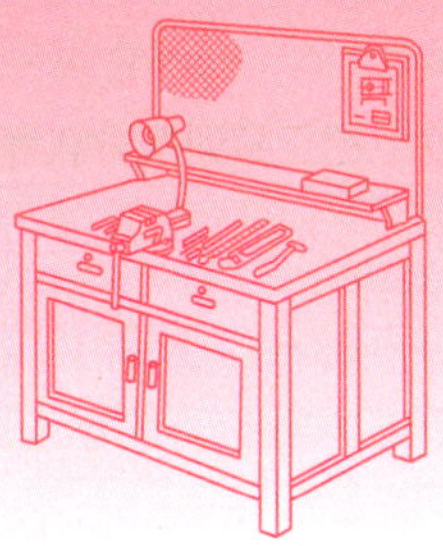

模块2

划线准备及划线操作

学习目标

1. 熟知划线的基本概念、划线的作用和要求及划线前的相关准备工作。
2. 熟知划线工具的种类及使用方法。
3. 掌握划线基准的选择原则，会利用划线找正、借料原理进行划线操作。
4. 培养严谨务实和规范操作的职业素养。

2.1 划线准备

2.1.1 划线概述

划线是指在毛坯或工件上，根据零件图样要求，用划线工具划出待加工部位的轮廓线或作为基准的点、线。划线分平面划线和立体划线两种。

1. 平面划线

只需要在工件的一个表面上划线后即能明确表示加工界线的，称为平面划线，如图 2-1 所示。如在板料、条料表面上划线，在法兰盘端面上划钻孔加工线等都属于平面划线。

2. 立体划线

在工件上几个互成不同角度（通常是互相垂直）的表面上划线，才能明确表示加工界线的，称为立体划线，如图 2-2 所示。如划出矩形块各表面的加工线以及支架、箱体等表面的加工线都属于立体划线。

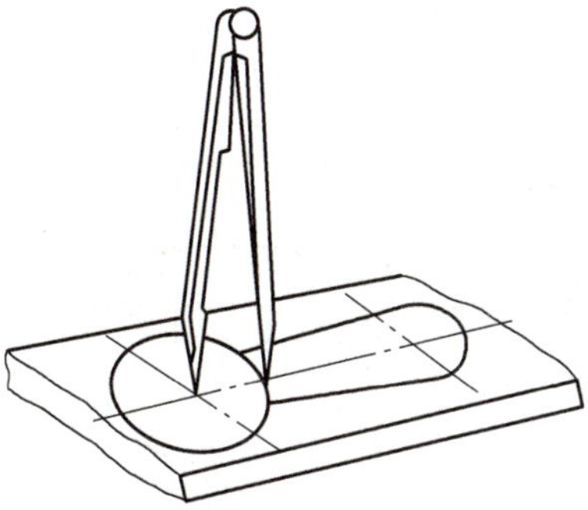

图 2-1 平面划线

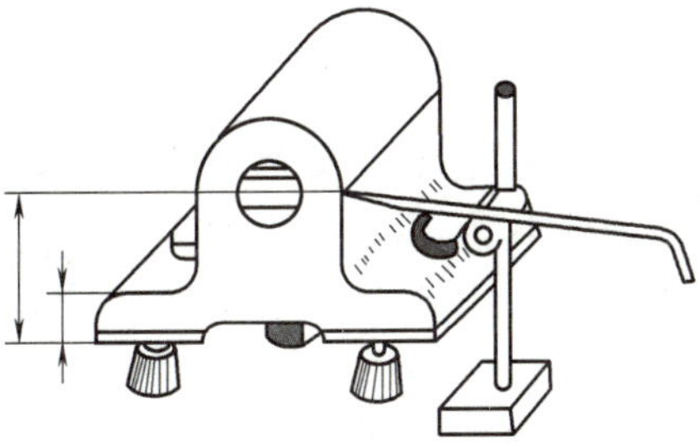

图 2-2 立体划线

2.1.2　划线的作用及要求

划线是机械加工的重要工序之一，广泛应用于单件和小批量生产，是钳工应该掌握的一项重要操作。划线的准确与否，直接影响产品的质量和生产率。

划线操作可以在毛坯表面上进行，也可以在已加工过的表面上进行，如在加工后的平面上划出钻孔的加工线。

1. 划线的作用

1）确定工件表面的加工余量、确定孔的位置或划出加工位置的找正线，给机械加工以明确的标志和依据。

2）检查毛坯外形尺寸是否合乎要求。对于加工余量小的毛坯，通过划线可以以多补少，免于报废，误差大而无法补救的毛坯，也可通过划线及时发现，以避免继续加工，浪费机械加工工时。

3）采用借料划线可以使误差不大的毛坯得到补救，使加工后的零件仍能符合要求。

2. 划线的要求

划线除要求划出的线条清晰均匀外，最重要的是保证尺寸准确。在立体划线中还应注意使长、宽、高三个方向的线条互相垂直。当划线发生错误或准确度太低时，就有可能造成工件报废。由于划出的线条总有一定的宽度，以及在使用划线工具和测量调整尺寸时难免产生误差，因此不可能绝对准确。一般的划线精度能达到0.25~0.5mm。因此，为了确保零件加工符合图样要求，加工过程中要及时测量其加工表面的精度。

2.1.3　划线前的准备工作

划线的质量将直接影响工件的加工质量，为了使划线工作能顺利进行，在划线前必须认真做好工件和工具的准备工作。

1. 工件的准备

工件的准备工作包括工件的清理、检查和表面涂色。必要时在工件孔中安置中心塞块。

（1）工件的清理　将准备加工的工件表面清理干净。若待加工工件为铸件，需要清除铸件上的型砂、冒口、浇口和毛边；若待加工工件为锻件，需要清除掉锻件上的飞边和氧化皮。清理的目的是便于工件的检查和涂色，并有利于划线和保护划线工具。

（2）工件的检查　工件清理后进行工件检查，目的是为了发现毛坯上的裂缝、夹渣、缩孔以及形状和尺寸等方面的缺陷。

（3）工件的表面涂色　为了使划出的线条清晰可见，在工件表面上应先涂上一层薄而均匀的涂料。常用的涂料有白灰浆、紫溶液和硫酸铜等。

（4）在工件孔中安置中心塞块　划线时为了在带孔的工件上找出孔的中心，便于用圆规划圆，在孔中要安置中心塞块，常用的中心塞块如图2-3所示。

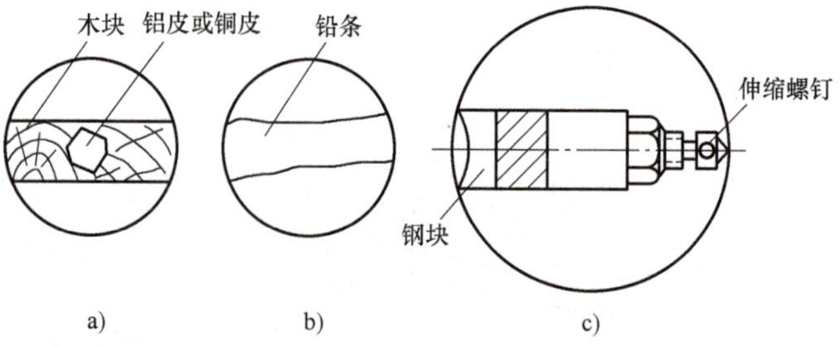

图2-3　划中心线用的塞块

2. 工具的准备

划线前应按工件图样要求合理选择所需工具，并检查和校验工具。若有缺陷，要进行调整和修理，以免影响划线质量。

划线工具及其使用

2.1.4　划线工具

1. 划线平台

如图 2-4 所示，划线平台由铸铁制成，工作表面经过精刨或刮削加工，作为划线时的基准平面。其作用是用来安放工件和划线工具并在其工作表面上完成划线及检测过程。放置时应使平台工作表面处于水平状态。

图 2-4　划线平台

划线平台工作表面应经常保持清洁，工件和工具在平台上都要轻拿轻放，不可损伤其工作表面，用后要擦拭干净，并涂上机油防锈。

2. 划针

划针用来在工件上划线或找正工件位置。一般划针的直头端用来划线，弯头端用来找正工件位置。划针由弹簧钢丝或高速工具钢制成，直径一般为 2～5mm，尖端磨成 15°～20°的尖角，并经热处理淬火使其硬化。有的划针在尖端部位焊有硬质合金，耐磨性更好。划针的外观及尖端形状如图 2-5 所示。

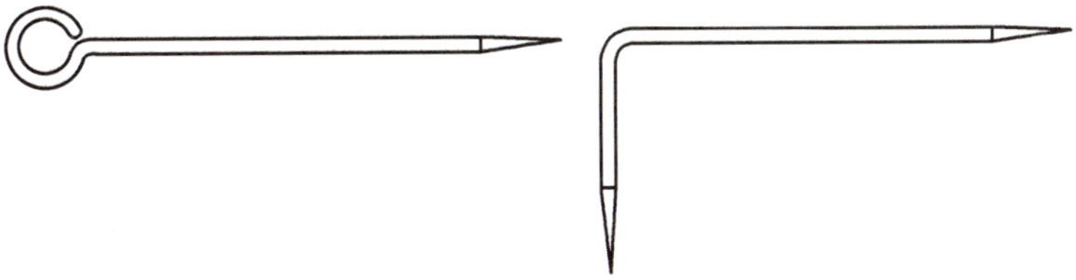

图 2-5　划针的外观及尖端形状

用钢直尺和划针划连接两点的直线时，应先用划针和钢直尺定好一点的划线位置，然后调整钢直尺对准另一点的划线位置，再划出两点的连接直线。划线时的针尖要紧靠导向钢直尺的边缘，上部向外倾斜 15°～20°，向划针移动方向倾斜 45°～75°，如图 2-6 所示。针尖要保持尖锐，划线要尽量一次划成，划出的线条要既清晰又准确。

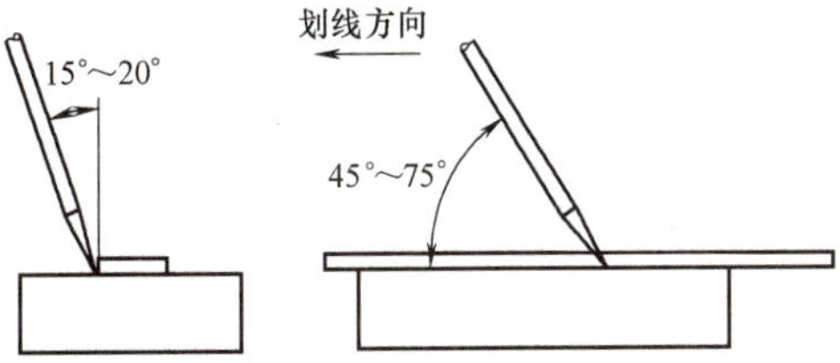

图 2-6　划针用法

3. 划线盘

如图 2-7 所示，划线盘通常用来在划线平台上对工件进行划线或找正工件在平台上的正确安放位置。划线盘上划针的直头端用来划线，弯头端用于找正工件的安放位置。

采用划线盘进行划线时，划针应尽量处于水平位置，不要倾斜太大，划针伸出部分应尽量短些，并要牢固地夹紧以免划线时产生振动和引起尺寸变动。划线盘在移动时，底座底平面始终要与划线平台平面贴紧，划针与工件划线表面之间沿划线方向应保持40°~60°夹角，以减小划线阻力。划线盘用毕后应使划针处于直立状态，以保证安全和减少所占空间。

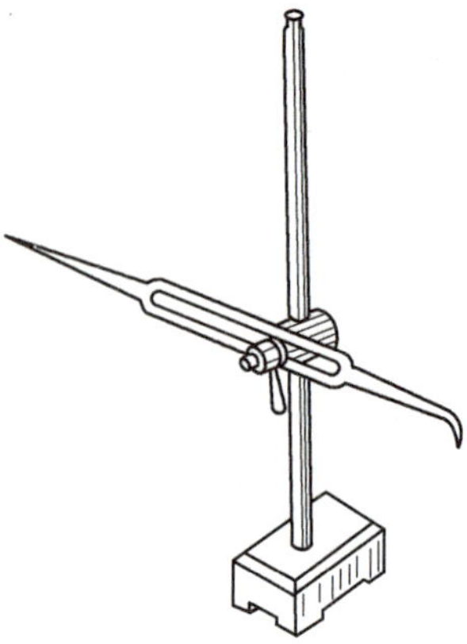

图 2-7　划线盘

4. 高度尺

图 2-8a 所示为普通高度尺，由钢直尺和尺座组成，用来给划线盘量取高度尺寸。图 2-8b 所示为高度游标卡尺，可用来在平台上划线或测量工件高度。它一般附有带硬质合金的划线脚，能直接表示出高度尺寸，其示值精度一般为 0.02mm，可作为精密划线工具。

高度游标卡尺的使用注意要点：

1）在划线方向上，划线脚与工件划线表面之间应成45°左右的夹角，以减小划线阻力。

2）高度游标卡尺底面与平台接触面应贴实。

3）高度游标卡尺一般不能用于粗糙毛坯的划线。

4）用完后应擦净，涂油装盒保管。

5. 划规

划规用来划圆和圆弧、等分线段、等分角度以及量取尺寸等。

划规的使用方法如图 2-9 所示，划规两脚的长短可磨得稍有不同，两脚合拢时脚尖能靠紧。划规的脚尖应保持尖锐，以保证划出的线条清晰。用划规划圆时，应把压力加在作为旋转中心的那个脚上。

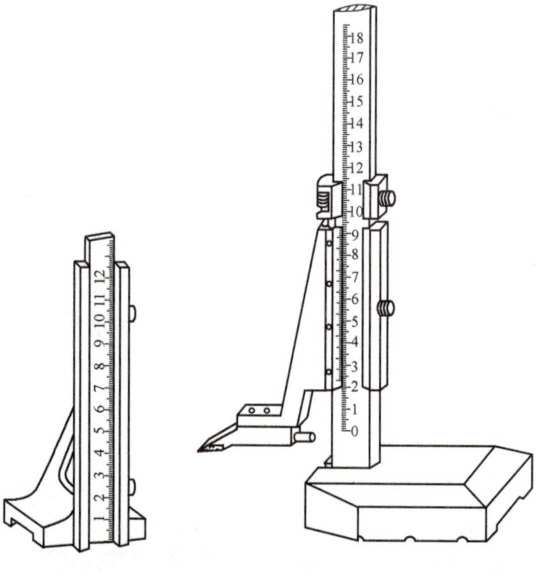

a) 普通高度尺　　b) 高度游标卡尺

图 2-8　高度尺

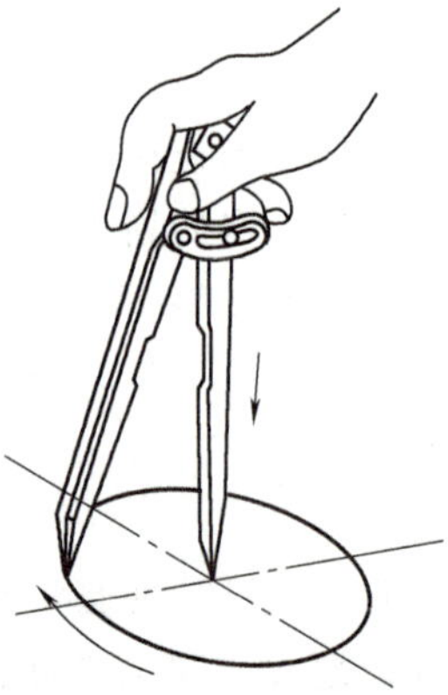

图 2-9　划规的使用方法

6. 样冲

样冲是用来在已划好的线上打上样冲眼，这样，当所划的线模糊后，仍能找到原线的位置。用划规划圆和定钻孔中心时，需先打样冲眼。样冲用工具钢制成并淬硬，工厂中常用废丝锥、铰刀等改制，如图 2-10 所示。

如图 2-11 所示，先将样冲外倾使尖端对准线或线条交点，然后再将样冲立直冲眼。

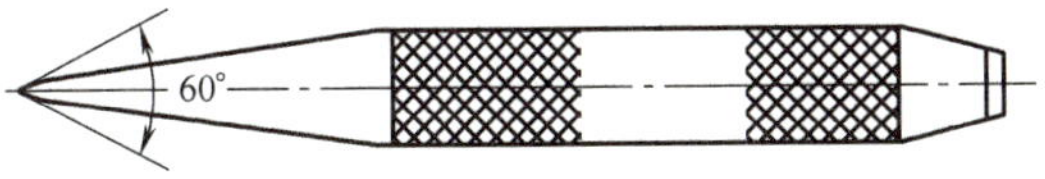

图 2-10　样冲

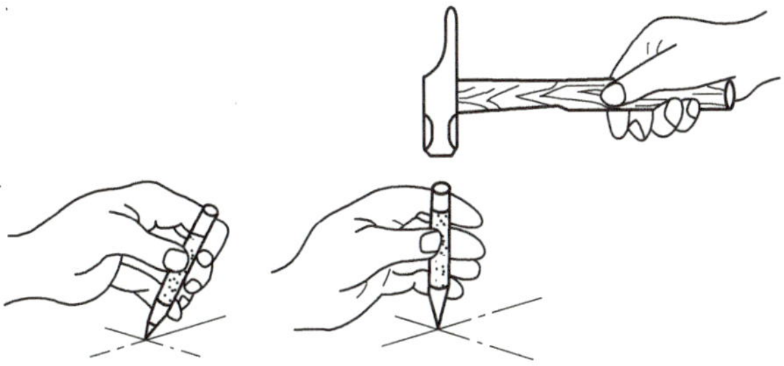
图 2-11　样冲的使用方法

7. 方箱

方箱是用铸铁制成的空心立方体，六面都经过加工，互成直角，如图 2-12 所示。方箱用于夹持较小的工件，通过翻转方箱便可在工件上划出垂直线。方箱上的 V 形槽用来安装圆柱形工件，以便找中心或划线。

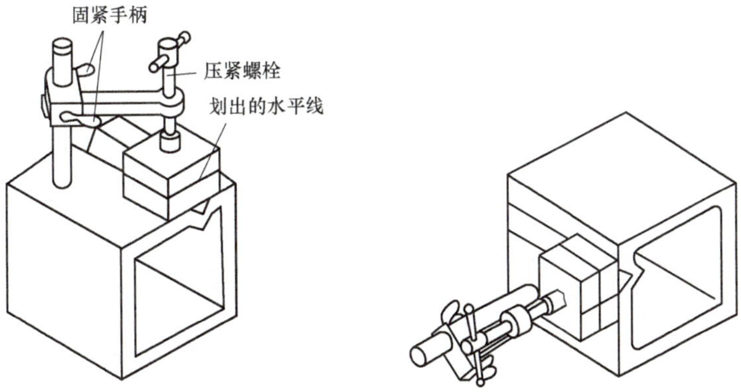

图 2-12　方箱

8. V 形铁

V 形铁用钢或铸铁制成，如图 2-13 所示。它主要用于放置圆柱形工件，以便找中心和划出中心线。通常 V 形铁是一副两块，两块 V 形铁的平面、V 形槽是在一次安装中磨出的，因此在使用时不必调节高低。精密的 V 形铁各相邻平面均互相垂直，故也可作为方箱使用。

9. 千斤顶

对较大毛坯件划线时，常用 3 个千斤顶（图 2-14）把工件支撑起来，利用千斤顶的高度调节功能来调整工件在空间的位置，以便找正工件的理想位置。

10. 直角尺

直角尺在划线时常用作划平行线或垂直线的导向工具，也可用来找正工件平面在划线平台上的垂直位置。直角尺的使用方法如图 2-15 所示。

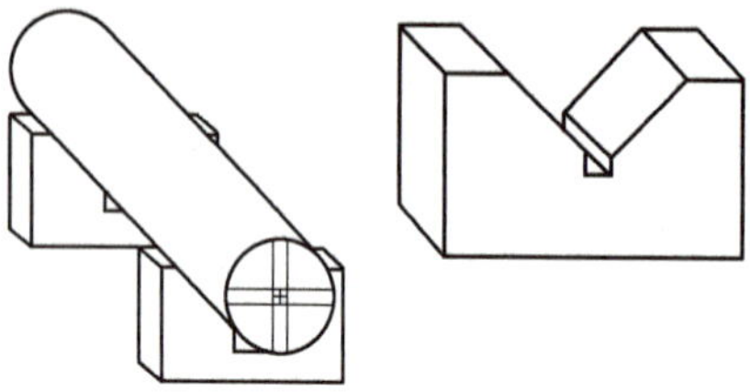

图 2-13　V 形铁

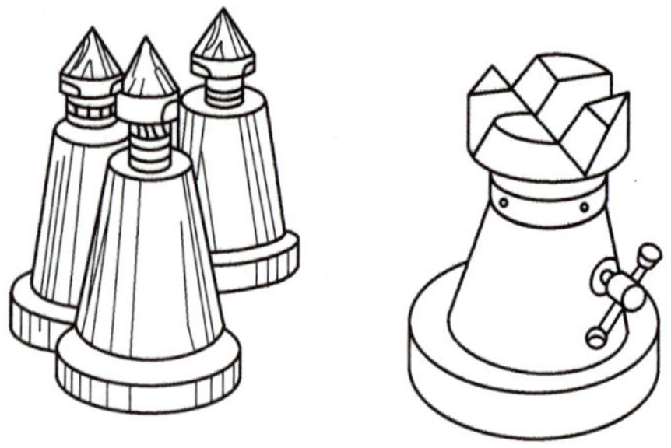

图 2-14　千斤顶

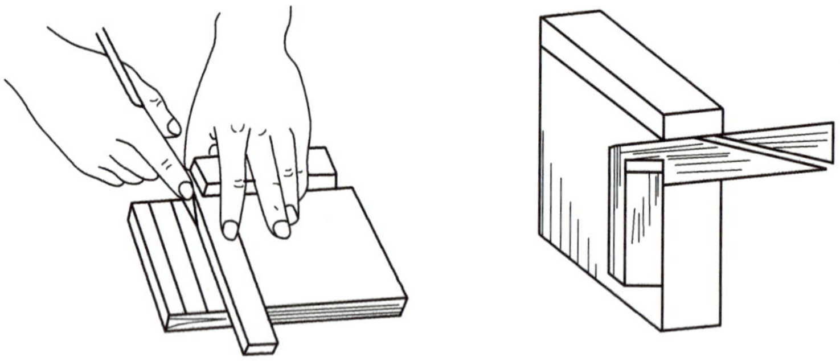

图 2-15　直角尺的使用方法

2.1.5　划线基准的选择

基准是指图样（或工件）上用来确定生产对象上几何要素间的几何关系所依据的那些点、线、面。设计时，在图样上所采用的基准，称为设计基准。划线时，在工件上所采用的基准，称为划线基准。

划线时应从划线基准开始。划线基准选择的基本原则是应尽可能使划线基准与设计基准相一致。划线基准一般有以下三种选择类型：

1）以两个互相垂直的平面（或直线）为基准，如图 2-16a 所示。

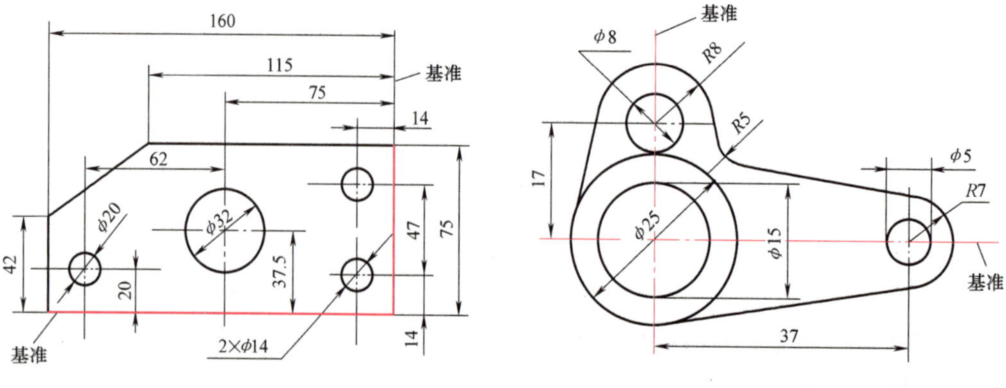

a) 以两个互相垂直的平面为基准　　b) 以两条互相垂直的中心线为基准

图 2-16　划线基准选择

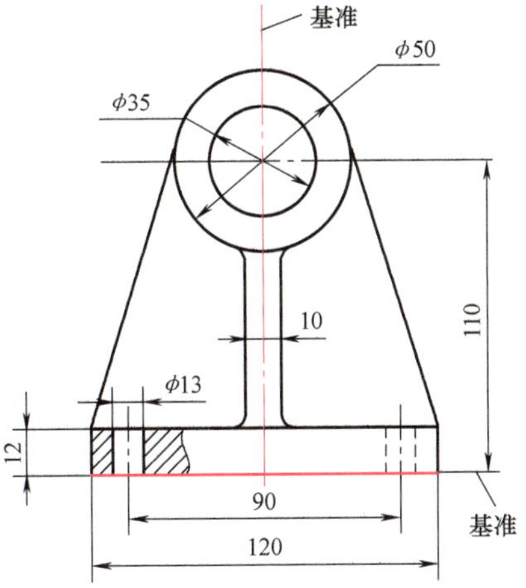

c) 以一个平面和一条中心线为基准

图 2-16　划线基准选择（续）

2）以两条互相垂直的中心线为基准，如图 2-16b 所示。

3）以一个平面和一条中心线为基准，如图 2-16c 所示。

划线时在工件的每一个方向都需要选择一个划线基准。因此，平面划线一般要选择两个划线基准；立体划线一般要选择三个划线基准。

2.1.6　划线时的找正和借料

各种铸、锻件由于某些原因，会形成形状歪斜、偏心、各部分壁厚不均匀等缺陷。当几何误差不大时，可通过划线找正和借料的方法来补救。

1. 找正

对于毛坯工件，划线前一般要先做好找正工作。找正就是利用划线工具使工件上有关的表面与基准面（如划线平板）之间处于合适的位置。找正时应注意：

1）当工件上有不加工表面时，应按不加工表面找正后再划线，这样可使加工表面与不加工表面之间保持尺寸均匀。如图 2-17 所示的轴承架毛坯，内孔和外圆不同心，底面和 *A* 面不平行，划线前应进行找正。在划内孔加工线之前，应先以外圆（不加工）为找正依据，用单脚规找出其中心，然后以求出的中心为基准划出内孔的加工线，这样内孔和外圆就可以达到同心要求。在划轴承座底面加工线之前，应以 *A* 面（不加工）为依据，用划线盘找正成水平位置，然后划出底面加工线，这样底座各处的厚度就比较均匀。

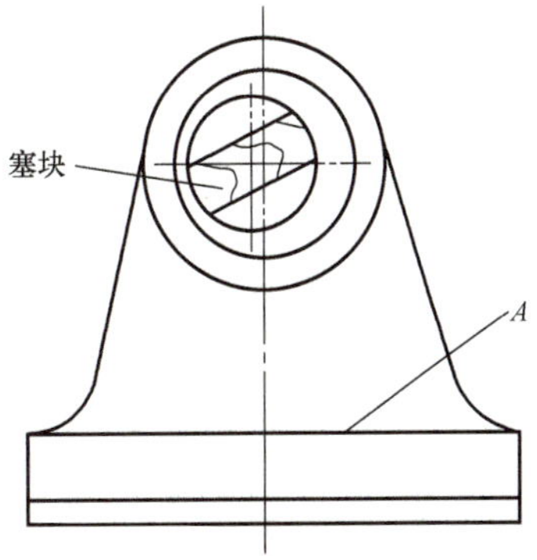

图 2-17　毛坯工件的找正

2）当工件上有两个以上的不加工表面时，应选择重要的或较大的表面为找正依据，并兼顾其他不加工表面，这样可使划线后的加工表面与不加工表面之间尺寸比较均匀，而使误差集中到次要或不明显的部位。

3）当工件上没有不加工表面时，通过对各加工表面自身位置的找正后再划线，可使各加工表面的加工余量得到合理分配，避免加工余量相差较大。

2. 借料

当工件上的误差或缺陷用找正的划线方法不能补救时，可采用借料的方法来解决。借料就是通过试划和调整，将各加工表面的加工余量合理分配，互相借用，从而保证各加工表面都有足够的加工余量，而误差或缺陷可在加工后排除。借料的一般步骤是：

1）测量工件的误差情况，找出偏移部位和测出偏移量。

2）确定借料方向和大小，合理分配各部位的加工余量，划出基准线。

3）以基准线为依据，按图样要求，依次划出其余各线。

例 2-1　图 2-18 所示为套筒的锻造毛坯，其内、外圆都要进行加工。图 2-18a 所示为合格毛坯的划线。如果锻造毛坯的内、外圆偏心量较大，以外圆为准找正划内孔加工线时，会造成内孔的加工余量不足，如图 2-18b 所示；以内孔为准找正划外圆加工线时，则会造成外圆的加工余量不足，如图 2-18c 所示。只有将内孔、外圆同时兼顾，采用借料的方法才能使内孔和外圆都有足够的加工余量，如图 2-18d 所示。

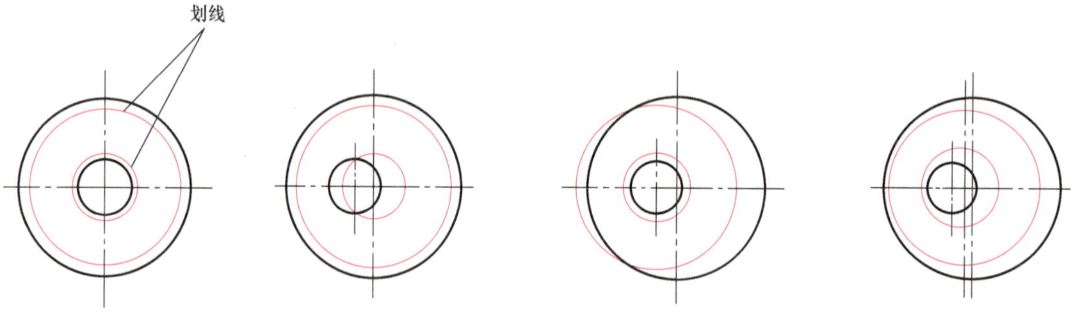

a) 合格毛坯划线　b) 以外圆找正　c) 以内孔找正　d) 借料划线

图 2-18　套筒的划线

例 2-2　某轴承架的尺寸要求如图 2-19a 所示。铸造后的毛坯，若其内孔出现了图 2-19b 所示的偏心，即该铸件毛坯上 ϕ40mm 孔的中心向下偏移了 6mm，如何对其进行划线？

解： 1）按一般划线，因孔偏移量较大，轴承架底面已没有加工余量，所以须进行借料。

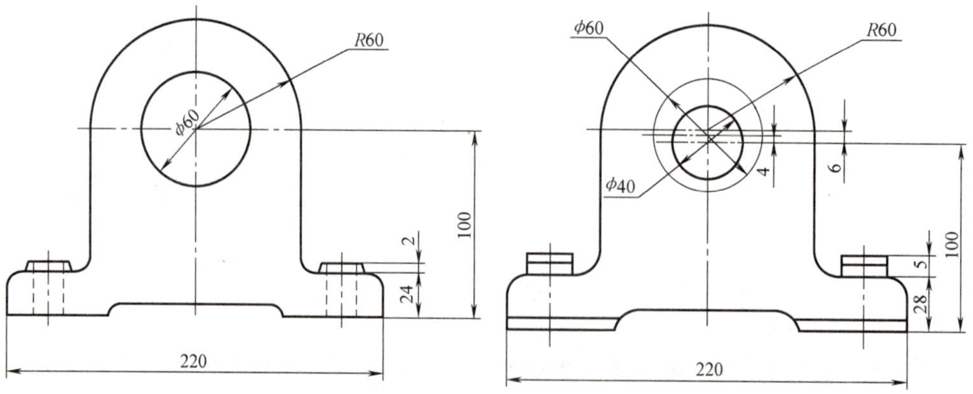

a) 轴承架　b) 借料划线

图 2-19　轴承架划线

2）把 ϕ40mm 孔的中心线向上移动（即借用）4mm，如图 2-19b 所示。这样，ϕ60mm 孔的最小加工余量为：$\frac{60-40}{2}\text{mm}-4\text{mm}=6\text{mm}$，底面的加工余量为 4mm，加工余量合理借用且余量充足，从而使该铸件得到补救。

立体划线实例

2.2　划线操作

2.2.1　任务导入

根据图 2-20 的要求进行工件的划线。

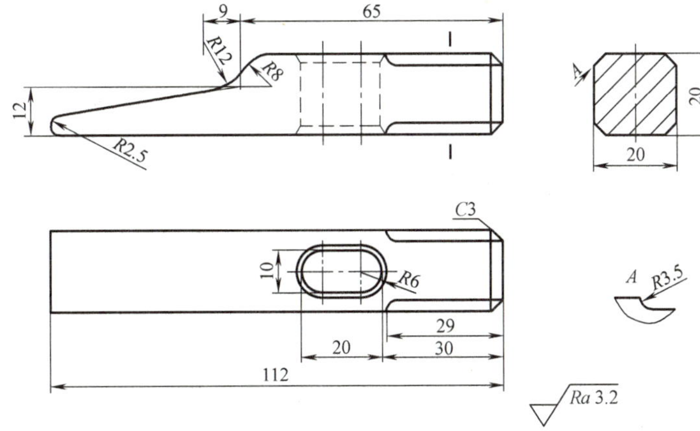

图 2-20　锤子的零件图

2.2.2　任务分析

本章节的任务主要是学习划线技能，学会不同划线工具的使用方法，掌握较复杂图线的划线方法并能达到一定的精度要求。图中，*R*8mm、*R*12mm 相切圆弧的划线难度较大。

通过整个划线工作的实施，学生可学会观察图样，并能进行基本的分析，制订合理的划线工艺流程；学会运用正确的工具进行正确的操作，能达到技术要求并掌握划线技能；同时，培养学生自主分析、独立动手的能力，达到预期的教学目的。

1. 零件图分析

从零件图中可以看出，零件长度方向上的尺寸标注基准为右侧面，长度为 112mm。高度方向的尺寸基准为底面，高度为 20mm。图中 *R*8mm、*R*12mm 的圆弧相切。

2. 工作任务

划线工作任务见表 2-1。

表 2-1　划线工作任务

序号	具体工作任务	序号	具体工作任务
1	划腰形孔	3	划斜面
2	划 *R*8mm、*R*12mm 圆弧	4	划倒角线

2.2.3 任务准备

1. 资源要求

1）钳工实训中心（钳工工作台：1人/台）。

2）工艺装备。

① 工具：划针、划规、样冲、锤子、高度游标卡尺等。

② 量具：钢直尺、游标卡尺。

2. 材料准备

每名同学备料一块，尺寸为114mm×20mm×20mm，材料为HT200。

2.2.4 任务实施

1. 划线的步骤

1）倒角部分的划线。R3.5mm的圆弧线不用划，由小圆锉加工形成，但要划出小圆弧加工界线。倒角的划线步骤如图2-21和图2-22所示。图2-23所示为划柄部高度尺寸。

2）腰形孔的划线。腰形孔划线的关键是中心线要划准，如图2-24所示。划出R6mm的圆弧中心线以及尺寸线，如图2-25和图2-26所示。

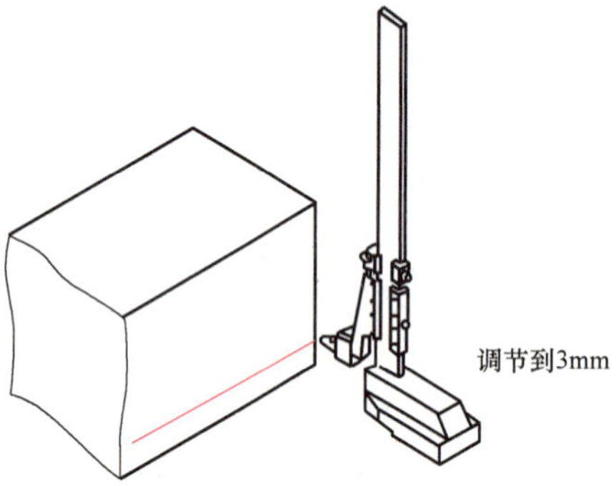

图2-21　倒角部分的划线1

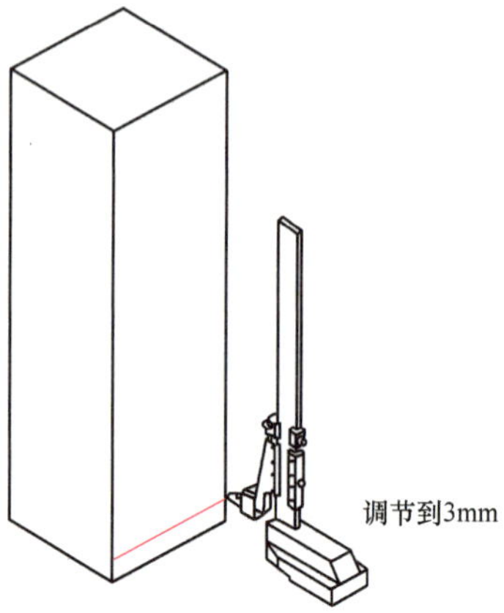

图2-22　倒角部分的划线2

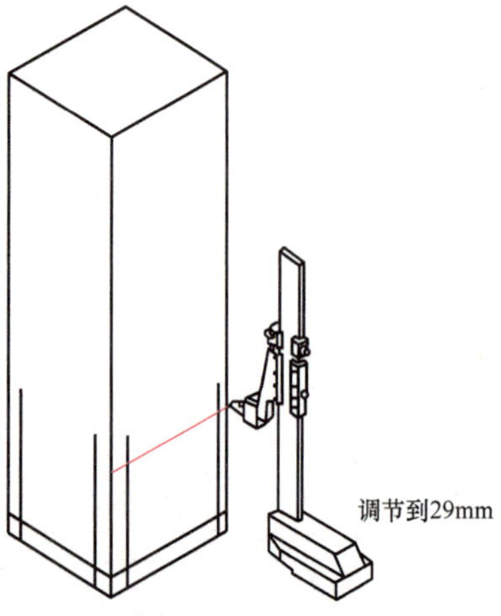

图2-23　划柄部高度尺寸

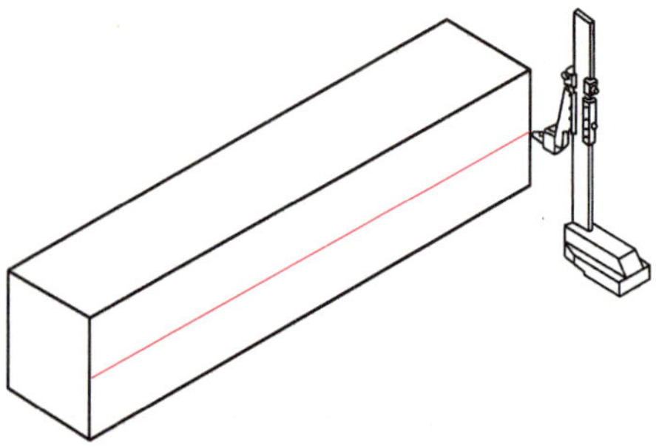

图2-24　划中心线

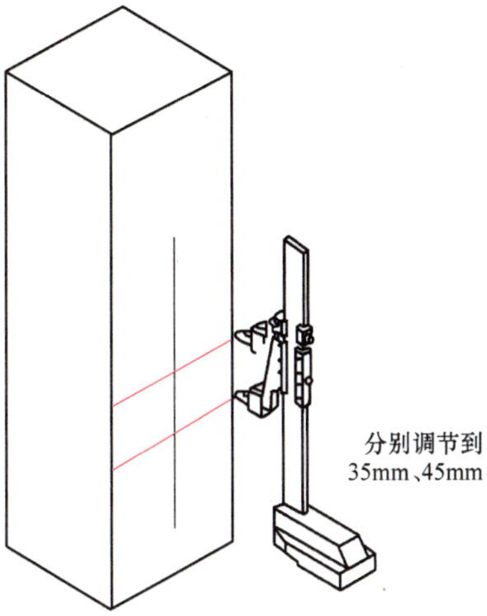

图 2-25　划 *R*6mm 圆弧中心线

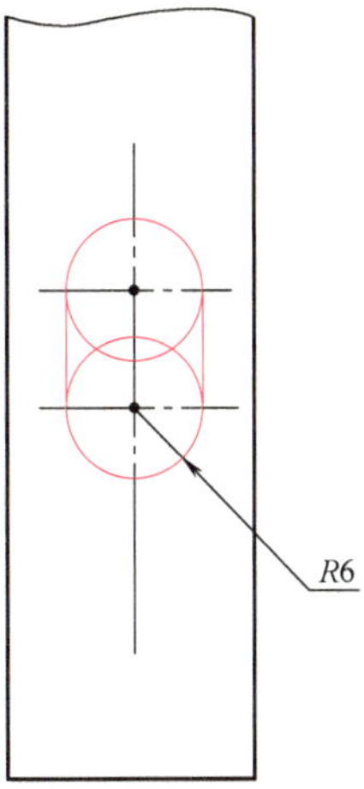

图 2-26　划 *R*6mm 腰形孔尺寸线

3）斜面与圆弧面的划线。*R*12mm 的圆心在工件以外，因此要借另外一块料来进行划线，如图 2-27～图 2-29 所示。

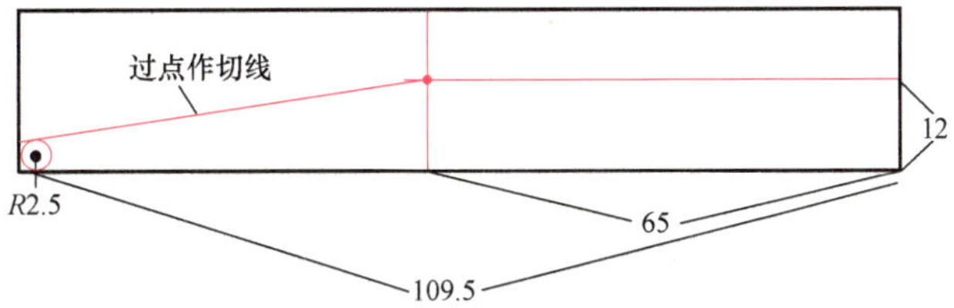

图 2-27　借料划线 1

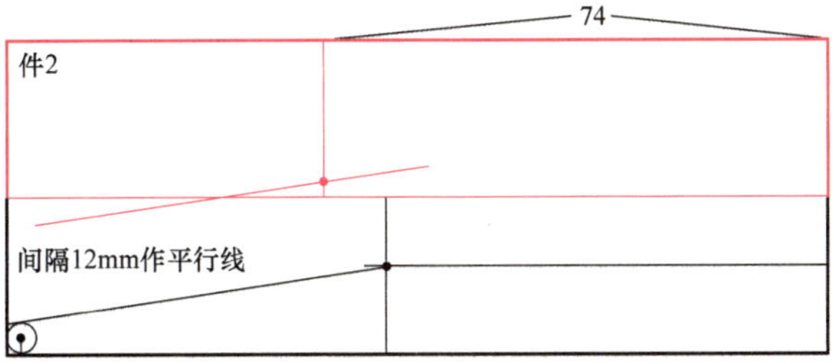

图 2-28　借料划线 2

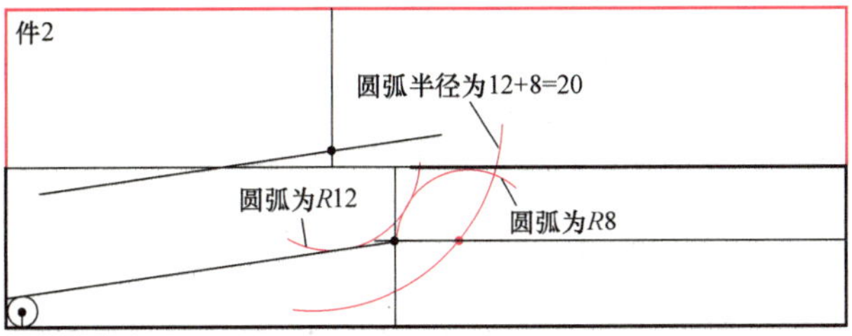

图 2-29　借料划线圆弧

注意： 腰形孔与圆弧要划在相邻的两个面（*A* 面和 *B* 面）上，如图 2-30 所示。

4）任务完成。完成效果如图 2-30 所示。

2. 划线操作要点

划线前的准备工作：

1）工件准备，包括工件的清理、检查和表面涂色。

2）工具准备，按工件图样的要求选择所需工具，并检查和校验工具。

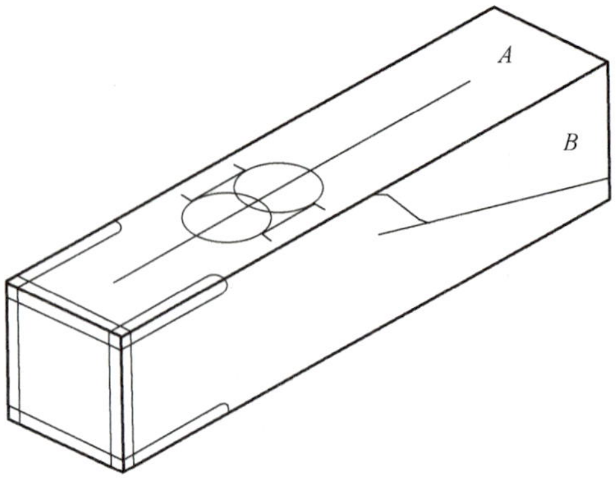

图 2-30　划线完成效果

3. 划线注意事项

1）看懂图样，了解零件的作用，分析零件的加工顺序和加工方法。

2）工件夹持或支承要稳妥，以防其滑倒或移动。

3）在一次支承中应将要划出的平行线全部划全，以免再次支承补划造成误差。

4）正确使用划线工具，划出的线条要准确、清晰。

5）划线完成后，要反复核对尺寸，才能进行零件加工。

2.2.5　任务评价

1. 划线质量评价（表 2-2）

表 2-2　划线质量评价

序号	项目	质量检测内容	配分	评分标准	实测结果	得分
1	线条	清晰程度	5	酌情扣分		
		均匀性	5	酌情扣分		
2	公差	尺寸误差不大于 0.5mm	10	酌情扣分		
3	样冲眼	中心线位置是否准确	10	不符合要求不得分		
		冲眼大小及均匀性	10	不符合要求不得分		
4	圆弧	与圆弧是否光滑连接	10	不符合要求不得分		
		与直线是否光滑连接	10	不符合要求不得分		
总得分						

2. 划线任务评价（表 2-3）

表 2-3　划线任务评价

序号	考核项目	质量检测内容	配分	评分标准	评价结果	得分
1	加工准备（15 分）	工具、量具清单完整	5	缺 1 项扣 1 分		
		工服穿着整洁	5	酌情扣分		
		工具、量具摆放整齐	5	酌情扣分		
2	操作规范（15 分）	划线操作正确性	8	酌情扣分		
		量具使用正确性	7	酌情扣分		
3	文明生产（10 分）	操作文明安全，工完场清	10	不符合要求不得分		

（续）

序号	考核项目	质量检测内容	配分	评分标准	评价结果	得分
4	完成时间			每超过 10min 扣 2 分 超过 30min 不及格		
5	划线质量	见表 2-2	60	见表 2-2		
总配分			100	总得分		

工匠故事

郑志明：决胜毫厘

郑志明，广西汽车集团有限公司首席技能专家，国家级技能大师工作室负责人，2022年，当选“大国工匠年度人物”。

郑志明刻苦认真，在生产一线苦练技艺，全身心投入到研磨、锉削、划线、钻削等各项工作中，在与钢铁的“对话”中练就了精湛技艺，将钳工技能练得炉火纯青。他利用手工锉削可将零件尺寸控制在0.002mm以内；手工划线钻孔，孔的位置度误差可控制在0.02mm以内，这个精准水平，目前国内极少人能够达到。

多年来，郑志明勇挑重任，组织带领团队一路破解集团、国家乃至世界级的汽车制造难题，设计出多种定位方式、多工艺融合的自动化焊接生产线，填补了国内自动化后桥壳焊接生产线的空白。

思考与练习

1. 划线的概念是什么？划线操作分为哪几种？
2. 划线有什么作用？对划线的要求有哪些？
3. 划线前有哪些准备工作？
4. 划线的工具有哪些？
5. 划线基准有哪些类型？
6. 划线时的找正和借料有什么作用？
7. 找正的概念是什么？找正应注意哪些问题？
8. 借料的概念是什么？借料的操作步骤是什么？

模块3

锯削准备及锯削操作

学习目标

1. 熟知锯削加工的基本概念及适用加工场合。
2. 熟知锯削加工的工具种类及锯条的材料、规格及结构。
3. 掌握锯条选用及安装方法。
4. 掌握锯削加工时锯弓的握法、站立姿势及锯削操作要点。
5. 掌握锯削加工中常见问题及产生的原因。
6. 培养规范操作和精益求精的职业精神。

用手锯把材料或工件分割或切槽的方法称为锯削。锯削是一种粗加工，操作简单方便，平面度误差可以控制在 0.2~0.5mm。锯削也是钳工最基本的操作之一，在钳工工作中，常用锯削来完成各种材料的锯断、锯掉多余部分、开槽等。锯削水平的高低会影响到尺寸精度和锉削量的大小，因而直接影响到工作效率。锯削加工的应用如图 3-1 所示。

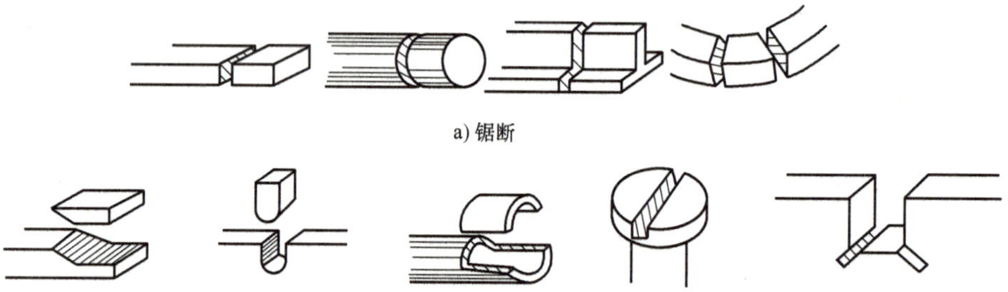

a) 锯断

b) 锯掉多余部分

c) 开槽

图 3-1 锯削加工的应用

3.1 锯削准备

锯削和手锯

3.1.1 锯削工具

1. 锯弓

手锯包括锯弓和锯条两部分。锯弓是用来张紧锯条的。常用的锯弓有固定式和可调式两种。

（1）固定式锯弓　固定式锯弓的结构如图 3-2a 所示，锯弓两端张拉锯条的穿销可做 90°的旋转，这样锯条可以有平行或垂直锯弓的两个位置，平行放置做一般的锯切，垂直放置时用于深度切割。固定式锯弓的长度不能改变，因而只能用一种长度的锯条。

（2）可调式锯弓　可调式锯弓的结构如图 3-2b 所示，其装调锯条部分的结构与固定式锯弓相同，但锯弓的长度是可以改变的，一般在锯弓上有三个挡位，可以换用三种长度的锯条。

a) 固定式锯弓

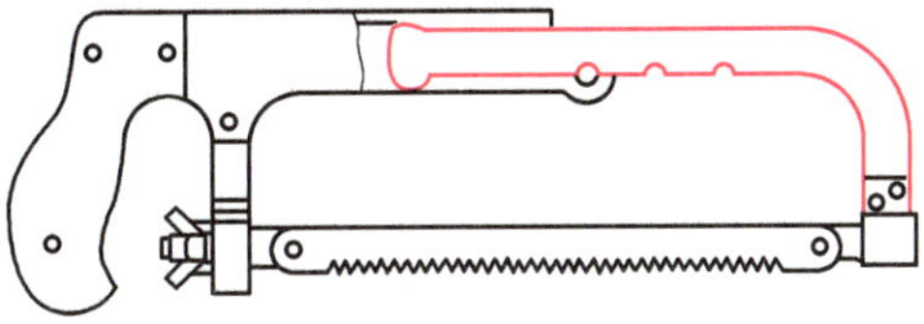
b) 可调式锯弓

图 3-2　锯弓的结构

在钳工锯削中，锯条的长短对锯削影响很小，一种长度的锯条就可以做一般的锯削加工，因此固定式锯弓和可调式锯弓使用起来都很方便。

2. 锯条

锯条在锯削时起切削作用，其结构如图 3-3 所示。按使用材质分为碳素结构钢（代号 D）、碳素工具钢（代号 T）、合金工具钢（代号 M）、高速工具钢（代号 G）以及双金属复合钢（代号 Bi）五种类型。按其特性分全硬型（代号 H）和挠性型（代号 F）两种类型。锯条按其型式可分为单面齿型（代号 A）和双面齿型（代号 B）两种。

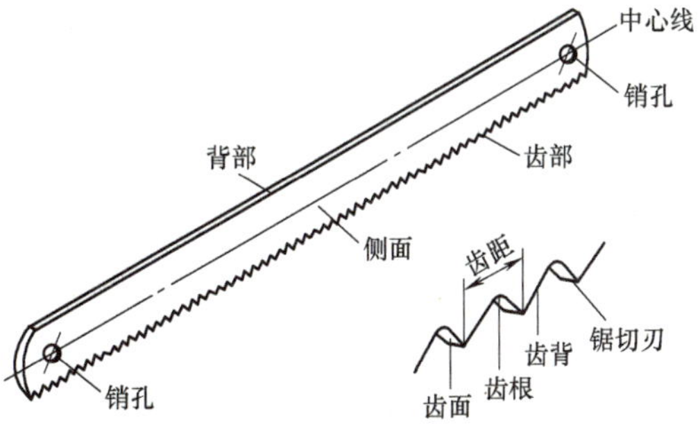

图 3-3　锯条的结构

（1）锯条的材料和规格　通常用的锯条是用低碳钢冷轧渗碳而成的，这种锯条成本低廉，性能一般，可用于普通材料的锯切。高性能的锯条是采用碳素工具钢或合金钢制成，可用于切割硬质材料并且经久耐用。锯条的长度是用两端安装孔的中心距来表示的，一般有 200mm、250mm 和 300mm 三种，常用的是 300mm，这种锯条宽度为 12mm、厚度为 0.6mm。

（2）锯条的结构　锯条是利用锯齿的锋利切削刃来锯削材料的，锯齿按一定规律左右错开的不同排列方式称为锯路。锯路的作用是使工件锯缝宽度大于锯条厚度，这样既减少了锯条与工件的摩擦阻力，便于排屑，又减少了锯条发热磨损，延长了使用寿命。手工锯条的锯路分成图 3-4a 所示的交叉形和图 3-4b 所示的波浪形两种。交叉形锯路的锯条特点是锯削阻力大、锯削快，但锯削后的表面不如波浪形的平滑，波浪形锯条特点则与交叉形相反。锯齿工作时如图 3-5 所示，相当于一排形状相同的錾子，每个齿都有切削作用。锯齿的切削角度为：前角 $\gamma=0°$，后角 $\alpha=40°$，楔角 $\beta=50°$。

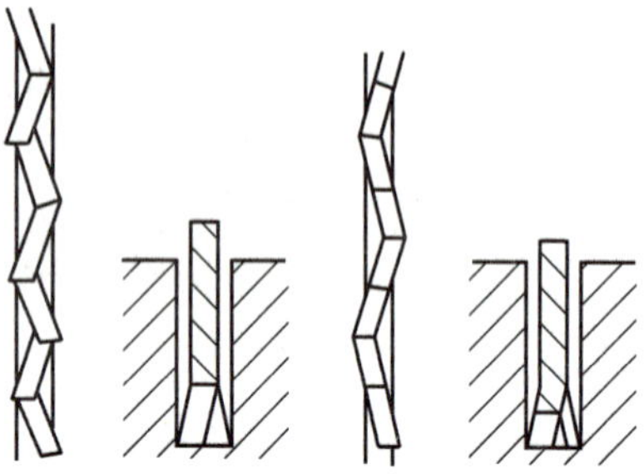

a) 交叉形　　b) 波浪形

图 3-4　锯路

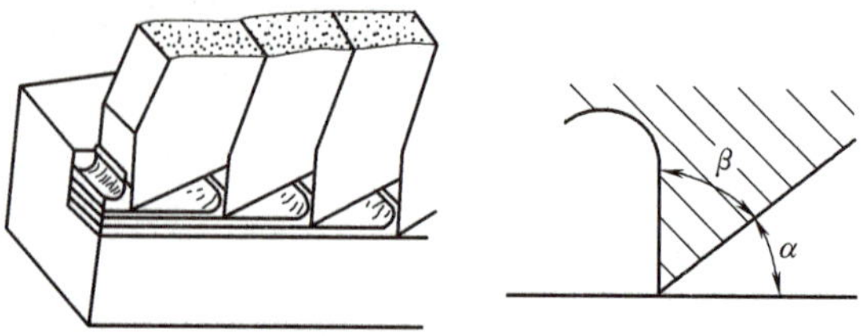

图 3-5　锯齿切削角度

（3）锯条的选用　锯齿的粗细用每 25mm 长度内齿的个数来表示。14～18 个齿称为粗齿锯条，22～24 个齿称为中齿锯条，32 个齿则称为细齿锯条。

1）粗齿锯条适宜锯割软材料和厚材料，因在这些情况下锯屑较多，为防产生堵塞现象，要求锯条有较大的容屑空间。如铜、铝、铸铁和低碳钢等的锯削加工。

2）细齿锯条适宜加工硬材料及管子或薄材料。对于硬材料，细齿锯条齿数多，同时参加切削的齿数多，可提高锯割效率。对于管子或薄板，小齿主要是防止锯齿被钩住，减小切割阻力。

（4）锯条的安装　安装锯条时，如图 3-6 所示，须将锯条锯齿的齿尖方向朝前，切不可装反。调节蝶形螺母张紧锯条，松紧程度要适当。特别要注意，锯条安装后要调整锯条与锯弓在同一平面内，否则，锯削时就会跑偏。

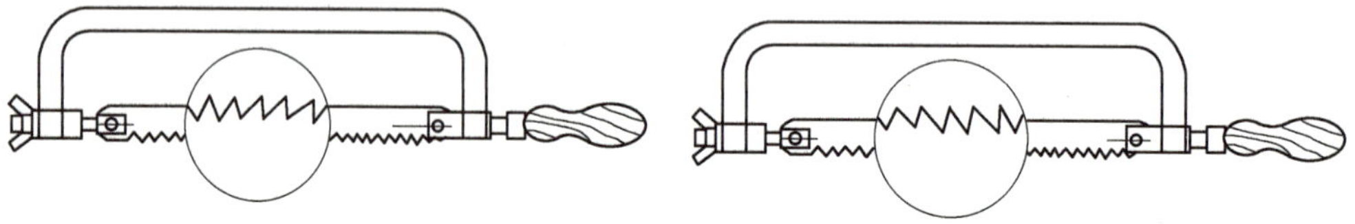

a) 正确　　b) 错误

图 3-6　锯条的安装

3.1.2　锯削的方法

1. 锯弓的握法

如图 3-7 所示，右手满握锯柄，左手轻扶在锯弓前端，双手将手锯扶正，放在工件上准备锯削。

2. 站立位置和姿势

锯削时，操作者的站立位置和姿势如图 3-8 所示，与錾削基本相同。

3. 锯削动作

锯削前，如图 3-9a 所示，左脚跨前半步，左膝盖处略有弯曲，右腿站稳伸直，不要太用力，整个身体保持自然。双手握正手锯放在工件上，左臂略弯曲，右臂要与锯削方向基本保持平行，顺其自然。

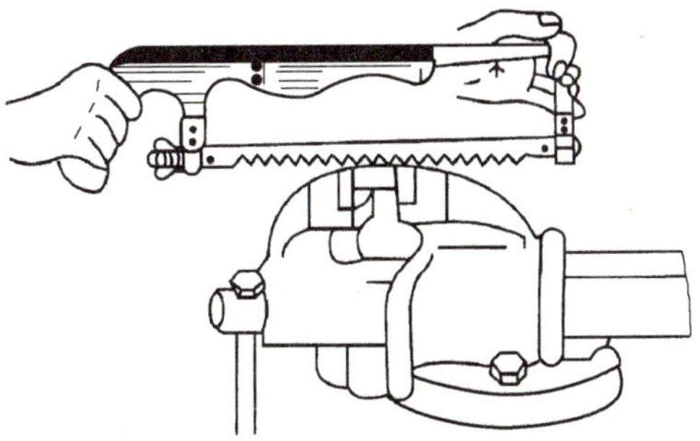

图 3-7　锯弓的握法

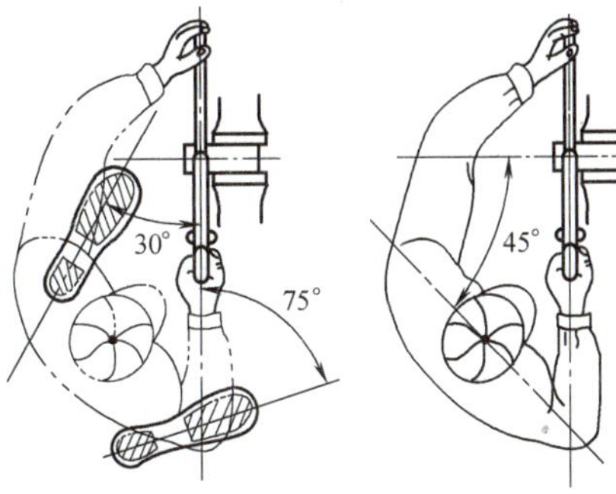

图 3-8　站立位置和姿势

向前锯削时，如图 3-9b 所示，身体与手锯一起向前运动，此时，右腿伸直向前倾，身体也随之前倾，重心移至左腿上，左膝盖弯曲。

随着手锯行程的增大，身体倾斜角度也随之增大，如图 3-9c 所示。

手锯推至锯条长度约 3/4 时，身体停止运动。手锯准备回程，如图 3-9d 所示，此时，由于锯削的反作用力，使身体向后倾，带动左腿略伸直，身体重心后移，手锯顺势退回，身体恢复到锯削的起始姿势。当手锯退回后，身体又开始前倾运动，进行第二次锯削。

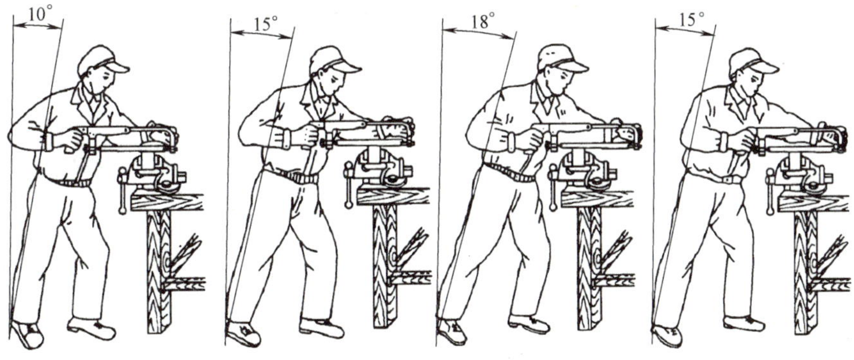

图 3-9　锯削动作

锯削动作中，身体运动的目的是为了将身体的作用力作用于锯条上，这样可大大增加锯切力，但又不能将全部的身体作用力全加到锯条上，否则锯条就会破碎。正确的方法是锯切中不断地感觉被切材料的阻力、刚度及锯条沿划线的偏离程度，随时调整作用力的大小及方向，以锯条不破碎而又能发挥最大作用力为目标，使锯切达到最好的效果和最高的工作效率。

4. 起锯方法

起锯是锯削运动的开始，起锯的好坏直接影响到锯切的平直程度。如图 3-10a 所示，首先将左手拇指按在锯削的位置上，使锯条侧面靠住拇指，起锯角（锯齿下端面与工件上表面间的夹角）约 15°，推动手锯，此时行程要短，压力要小，速度要慢。当锯齿切入工件 2~3mm 时，左手拇指离开工件，放在手锯外端，扶正手锯进入正常的锯削状态。起锯的方法有两种：一种是远起锯法，在远离操作者一端的工件上起锯，如图 3-10b 所示；另一种是近起锯法，在靠近操作者一端的工件上起锯，如图 3-10c 所示。前者起锯方便，起锯角容易掌握，锯齿能逐步切入工件中，是常用的一种起锯方法。

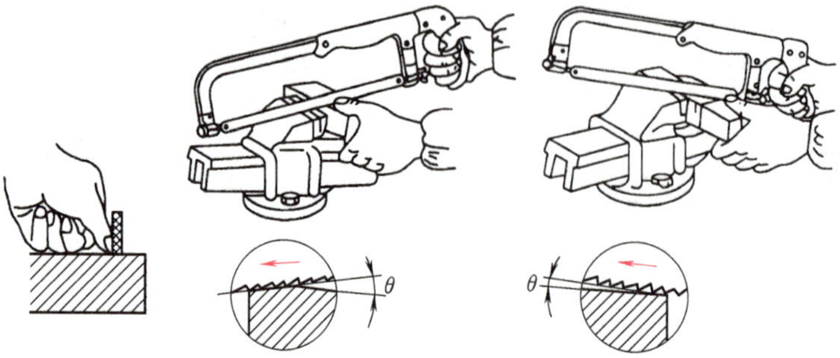

a) 起锯开始　　b) 远起锯法　　c) 近起锯法

图 3-10　起锯方法

起锯时要注意：锯条侧面必须靠紧拇指，或手持一物代替拇指靠紧锯条侧面，保证锯条在某一固定的位置起锯，并平稳地逐步切入工件，不会跳出锯缝。起锯角的大小要适当，起锯角太大时，会被工件棱边卡住锯齿，将锯齿崩裂，并会造成手锯跳动不稳；起锯角太小时，锯条与工件接触的齿数太多，不易切入工件，还可能偏移锯削位置，而需多次起锯，出现多条锯痕，影响工件表面质量。

5. 锯削的操作要点

常见工件的锯削操作

（1）锯削用力方法　锯削时，对锯弓施加的压力要均匀，大小要适宜，右手控制锯削时的推力和压力，左手辅助右手将锯弓扶正，并配合右手调节对锯弓的压力。锯削时，对锯弓施加的压力不能太大，推力也不能太猛，推进速度要均匀，快慢要适中。手锯退回时，锯条不进行切削，不能对锯弓施加压力，应跟随身体的摆动，手锯自然拉回。工件将锯断时，要目视锯削处，左手扶住将锯断部分材料，右手推锯，压力要小，推进要慢，速度要低，行程要短。

（2）手锯的运动方式　锯削时，手锯的运动方式有两种。一种是锯削时，手锯做小幅度的上下摆动，即右手向前推进时，身体也随之向前倾，在左右手对锯弓施加压力的同时，右手向下压，左手向上翘，使手锯做弧形的摆动。手锯返回时，右手上抬，左手顺势自然跟随，携同手锯离开工件并退回。这种运动方式，可以减少锯削时的阻力，锯削省力，提高锯削效率，适用于深缝锯削或大尺寸材料的锯断。另一种是手锯做直线运动，这种运动方式，参加锯削的齿数较多，锯削费力，适用于锯削底平面为平直的槽子、管子和薄板材料等。

（3）锯削运动的速度　锯削运动的速度要均匀、平稳、有节奏、快慢适度，否则操作者容易很快疲劳，或造成锯条过热以致很快损坏。一般锯削速度为 40 次/min 左右，软的材料锯削速度可稍快一点；硬度高的材料锯削速度低一些；锯削钢件时宜加适量切削液，锯条返回时要比推锯时快一些。

（4）注意的问题　工件将要锯断时，应减小压力，避免因工件突然断开，手仍用力向前冲而产生事故；左手应扶持工件断开部分，右手减慢锯削速度逐渐锯断，避免工件掉下砸伤脚。

6. 锯削尺寸及几何精度的控制方法

（1）留余量锯削　锯去工件较多的余量，留精加工余量，一般留 0.5mm 左右。

（2）控制尺寸锯削　直接控制工件尺寸，要贴住尺寸线锯削。

（3）控制几何精度锯削　锯削时锯条平面要与工件前后、上下垂直，保证锯削面的平面间垂直度要求；同时，锯条平面要与锯削线条保持平行，保证锯削位置一致，锯削纹路整齐。

3.1.3　锯削的常见问题及其产生原因（表 3-1）

表 3-1　锯削的常见问题及其产生原因

常见问题	产生原因
锯齿折断	1）锯条装得过紧或过松 2）锯削时压力太大或锯削用力偏离锯缝方向 3）工件未夹紧，锯削时松动 4）锯缝歪斜后强行纠正 5）新锯条在旧锯缝中卡住而折断 6）工件锯断时，用力过猛使手锯与台虎钳等物相撞而折断 7）中途停止使用时，手锯未从工件中取出而碰断
锯齿崩裂	1）锯齿的粗细选择不当，如锯管子、薄板时用粗齿锯条 2）起锯角度太大，锯齿被卡注后仍用力推锯 3）起锯速度过快或锯削摆动突然过大，使锯齿受到猛烈撞击
锯齿过早磨损	1）锯削速度太快，使锯条发热过度而加剧锯齿磨损 2）锯削硬材料时，未加切削液冷却润滑 3）锯削过硬材料
锯缝歪斜	1）工件装夹时，锯缝线未与铅垂线方向一致 2）锯条安装太松或与锯弓平面产生扭曲 3）使用两面磨损不均匀的锯条 4）锯削时压力太大而使锯条左右偏摆 5）锯弓未扶正或用力歪斜，使锯条偏离锯缝中心平面
尺寸超差	1）划线不正确 2）锯缝歪斜过多，偏离划线范围
工件表面拉毛	起锯方法不对，把工件表面锯坏

除以上的常见问题外，还应该掌握以下的操作及使用方法，确保能够安全、正确地进行锯削加工。

1）通常锯削软材料或切面较大的工件时，应选用齿距较大的锯条；锯削硬材料或切面较小的工件时，则应选用齿距较小的锯条；锯削管子或薄板材料时，必须选用齿距小的锯条，以防锯齿卡住或崩裂。

2）锯削时要防止锯条折断从锯弓上弹出伤人。

3）工件被锯下的部分要防止跌落砸在脚上。

3.2 锯削操作

3.2.1 任务导入

根据图 3-11 的要求进行工件的锯削加工，在 *C* 侧锯削。毛坯尺寸为 120mm×50mm×12mm 的钢板。

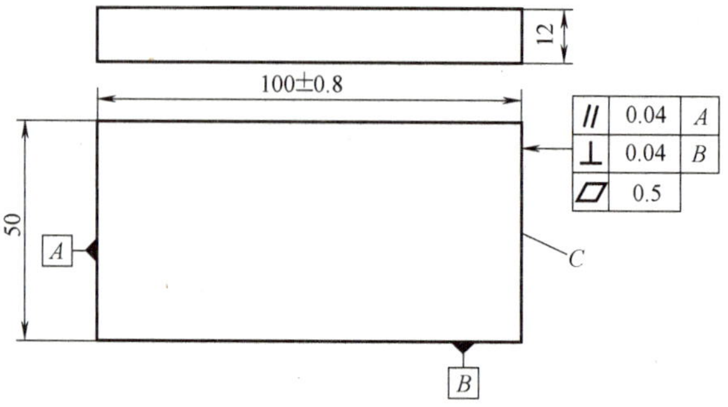

图 3-11 零件图

3.2.2 任务分析

本章节的任务主要是学习锯削技能。本任务主要是锯削掉给定毛坯件的一侧，达到图样规定的尺寸及几何精度要求。图 3-11 中的三个几何公差要求对锯削操作提出了较高的要求。

通过整个锯削工作的实施，学生可学会观察图样，并能进行基本的分析，制订合理的锯削工艺流程；学会运用正确的工具进行正确的操作，能达到技术要求并掌握手锯的握法、锯削站立姿势和动作要领；同时，培养学生自主分析、独立动手的能力，达到预期的教学目的。

1. 零件图分析

从零件图中可以看出，零件长度方向上的尺寸标注基准为左侧面，长度为（100±0.8）mm。高度方向的尺寸为50mm，精度要求不高。图中主要的任务是完成 *C* 面的锯削加工后需要保证 *C* 面和基准面 *A* 的平行度误差在 0.04mm 内，同时保证 *C* 面和 *B* 面的垂直度误差在 0.04mm 内。此外，*C* 面还要保证自身的平面度误差在 0.5mm 内。

2. 工作任务

锯削工作任务见表 3-2。

表 3-2 锯削工作任务

序号	具体工作任务
1	划出锯削加工线
2	加工 *C* 面

3.2.3 任务准备

1. 资源要求

1）钳工实训中心（钳工工作台：1 人/台）。

2）工艺装备。

① 工具：划针、划规、高度游标卡尺、锯条、锯弓等。

② 量具：钢直尺、游标卡尺、刀口形直尺、塞尺、直角尺等。

2. 材料准备

每名同学备料一块，尺寸为 120mm×50mm×12mm，材料为 HT200。

3.2.4　任务实施

1. 任务实施步骤

在板料上划出锯削的位置线，进行锯削站立姿势、锯削动作、起锯方法等练习。锯削前检查锯条安装、工件装夹；锯削过程要观察锯缝线平直情况，若有问题能及时纠正。

2. 操作要点

1）控制好锯削姿势，并加以强化。

2）保证锯削平面的平行度、垂直度和平面度公差要求。

3）学会用量具来检测尺寸及误差。

3. 注意事项

1）锯削操作时，要时刻保持正确的操作姿势。

2）要综合考虑工件精度要求。

3.2.5　任务评价

1. 锯削质量评价（表 3-3）

表 3-3　锯削质量评价

序号	项目	质量检测内容	配分	评分标准	实测结果	得分
1	线条	清晰程度	10	酌情扣分		
		均匀性	10	酌情扣分		
2	尺寸	长度(100±0.8)mm	10	每超 0.1mm 扣 2 分		
3	几何公差	平行度 0.04mm	10	每超 0.01mm 扣 2 分		
		垂直度 0.04mm	10	每超 0.01mm 扣 2 分		
		平面度 0.5mm	10	每超 0.1mm 扣 2 分		
总得分						

2. 锯削任务评价（表 3-4）

表 3-4　锯削任务评价

序号	考核项目	质量检测内容	配分	评分标准	评价结果	得分
1	加工准备（15 分）	工具、量具清单完整	5	缺 1 项扣 1 分		
		工服穿着整洁	5	酌情扣分		
		工具、量具摆放整齐	5	酌情扣分		
2	操作规范（15 分）	锯削操作正确性	8	酌情扣分		
		量具使用正确性	7	酌情扣分		
3	文明生产（10 分）	操作文明安全，工完场清	10	不符合要求不得分		
4	完成时间			每超过 10min 扣 2 分 超过 30min 不及格		
5	锯削质量	见表 3-3	60	见表 3-3		
总配分			100	总得分		

工匠故事

高凤林：火箭“心脏”焊接人

高凤林，中国航天科技集团公司一院首都航天机械公司高凤林班组组长、全国劳动模范、航天特种熔融焊接工，为包括“长征五号”等我国多枚火箭焊接过“心脏”，占火箭总数近四成。他曾攻克火箭发动机焊接中的“疑难杂症”200多项，在型号生产的新材料、新工艺、新结构、新方法等大型攻关项目，特别是在新型大推力发动机的研制生产、科技攻关中，高凤林多次想人所未想，做人所未做，以非凡的胆识、严谨的推理、娴熟的技艺攻克难关，并结合自己对焊接过程的特殊感悟，灵活而又具创造性地将所学知识运用于自动化生产、智能控制等柔性加工中，为国防和航天科技现代化，为型号的更新换代做出了杰出贡献。

思考与练习

1. 锯削的概念是什么？锯削加工的精度如何？
2. 锯削加工可以用在什么场合？
3. 锯弓有哪几种形式？
4. 锯条的材料和规格有哪些？
5. 锯齿的前角、后角和斜角各为多少？
6. 锯条的粗细如何表示？如何选择锯条的粗细规格？
7. 锯削的操作要点有哪些？
8. 锯削过程中有哪些常见问题？产生的原因是什么？

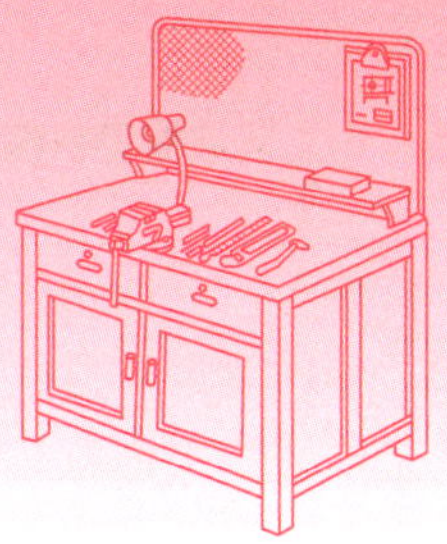

模块4

锉削准备及锉削操作

学习目标

1. 熟知锉削加工相关知识及锉刀的选用方法。
2. 掌握锉削加工时工件装夹、锉刀握法、锉削姿势及锉削方法。
3. 掌握锉削质量检验的方法。
4. 培养规范操作和精益求精的职业精神。

用锉刀对工件表面进行切削加工，使其尺寸、形状和表面粗糙度达到图样要求的操作方法称为锉削。锉削一般是在錾、锯之后对工件进行的精度较高的加工，其精度可达 0.01mm，表面粗糙度 *Ra* 值可达 0.8μm。锉削的应用范围很广，可以锉削平面、曲面、外表面、内孔、沟槽和各种复杂表面，还可以配键、做样板及在装配中修整工件，是钳工常用的重要操作之一。装配钳工在装配中经常使用锉削的方法对零件进行修整和加工。

4.1 锉削准备

4.1.1 锉刀

锉刀是用来进行锉削加工的工具，常用优质碳素工具钢 T12、T13 或 T12A、T13A 制成，经热处理淬硬后硬度可达 62~72HRC。

1. 锉刀的构造

锉刀由锉身和手柄两部分组成，锉身由锉刀面、锉刀边、底齿及锉刀尾等几部分结构组成。锉刀各部分结构及名称如图 4-1 所示。

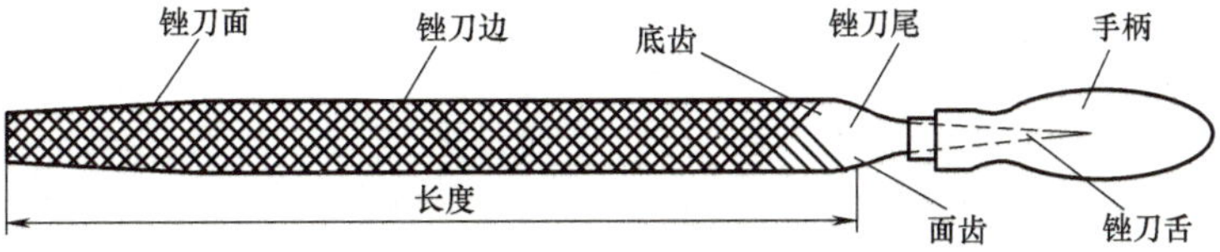

图 4-1 锉刀各部分结构及名称

锉刀面是锉削的主要工作面。锉刀面齿纹交叉排列，构成刀齿，形成容屑槽。锉刀面在前端做成凸弧形，上下两面都制有锉齿，便于进行锉削。锉刀的锉齿大多是在剁锉机上剁出来的。锉刀的锉纹多制成双纹，以利锉削时锉屑碎断，锉面不易堵塞，锉削时省力；也有单纹锉刀，一般用于锉铝等软材料。

锉刀边是指锉刀的两个侧面，有的没有齿，有的其中一边有齿。没有齿的一边叫光边，它可使锉削内直角的一个面时，不会碰伤另一相邻的面。

锉刀舌是用来装锉刀手柄的。手锉是木质的，在安装孔的外部应套有铁箍。

2. 锉齿和锉纹

锉齿有剁齿和铣齿两种。剁齿由剁锉机剁成，其切削角 δ_o 大于 90°，如图 4-2a 所示；铣齿为用铣齿法铣成，切削角 δ_o 小于 90°，如图 4-2b 所示。锉削时每个锉齿相当于一把錾子，对金属材料进行切削。

切削角 δ_o 是指前刀面与切削平面之间的夹角，其大小反映切屑流动的难易程度及刀具切入是否省力。

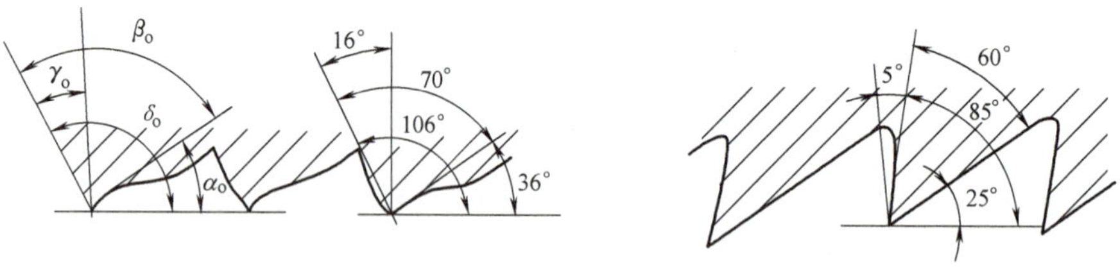

a) 剁齿锉齿　　b) 铣齿锉齿

图 4-2　锉齿的切削角度

锉纹是锉齿排列的图案。锉刀的齿纹有单齿纹和双齿纹两种，如图 4-3 所示。

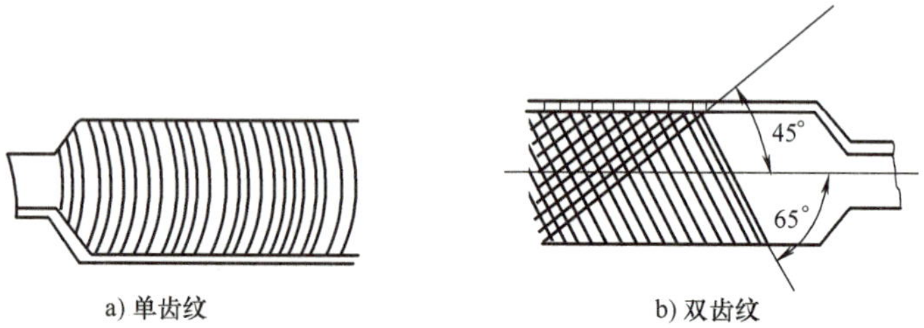

a) 单齿纹　　b) 双齿纹

图 4-3　锉刀的齿纹

单齿纹是指锉刀上只有一个方向的齿纹，如图 4-3a 所示。单齿纹多为铣制齿，正前角切削，齿的强度弱，全齿宽同时参加切削，需要较大的切削力，因此适用于锉削软材料。

双齿纹是指锉刀上有两个方向排列的齿纹。双齿纹大多为剁齿，先剁上去的为底齿纹（齿纹浅），后剁上去的为面齿纹（齿纹深），面齿纹和底齿纹的方向和角度不一样，如图 4-3b 所示。齿纹与锉刀中心线的夹角叫齿角，面齿角为 65°，底齿角为 45°。这样形成的锉齿，沿锉刀中心线方向形成倾斜和有规律排列。锉削时，每个齿的锉痕交错而不重叠，锉面比较光滑，锉削时切屑是碎断的，比较省力，锉齿强度也高，适于锉硬材料。

4.1.2　锉刀的种类与规格

钳工所用的锉刀按其用途不同，常用的有钳工锉、异形锉和整形锉三类。

1. 锉刀的种类

（1）钳工锉　钳工锉的横截面形状如图 4-4 所示，按其横截面形状分为扁锉（齐头扁锉和方头扁锉）、方锉、圆锉、三角锉和半圆锉等几种。按其齿纹的粗细分为粗齿锉、中齿锉、细齿锉、双细齿锉、油光锉五种。

图 4-4　钳工锉的横截面形状

（2）异形锉　异形锉用于加工零件上形状特殊的表面，其常见的横截面形状如图 4-5 所示，按其横截面形状分别为刀形锉、半圆锉、三角锉、双半圆锉和圆锉。异形锉常用于锉削各种沟槽或内孔。

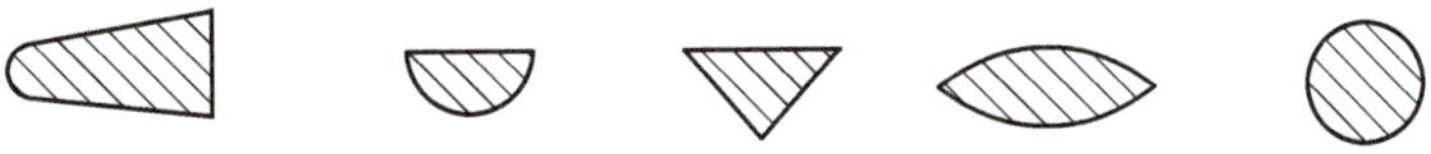

图 4-5　异形锉的横截面形状

（3）整形锉　整形锉因分组配备各种横截面形状的小锉刀而得名，适用于修整精密模具或小型工件上难以机械加工的部位。常见的整形锉外形如图 4-6 所示，通常是每 5 把、6 把、8 把、10 把或 12 把为一组。

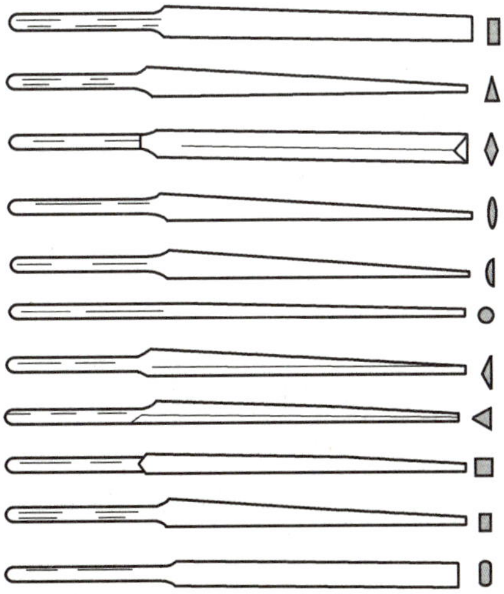

图 4-6　整形锉的外形

2. 锉刀的规格

锉刀的规格包括尺寸规格和锉纹的粗细规格。

（1）尺寸规格　圆锉以其横截面直径表示，方锉以其横截面边长表示，其他锉刀用锉身长度表示，异形锉和整形锉用锉刀全长来表示。常用的锉刀长度有 100mm、150mm、200mm、250mm、300mm、350mm 等几种。

（2）粗细规格　粗细规格以锉刀每 10mm 轴向长度内的主锉纹条数来表示。钳工锉的锉纹参数见表 4-1。

（3）锉刀的选择　锉刀选用是否合理，对工件的加工质量、工作效率和锉刀的寿命都有很大的影响。如果选择不当，就不能充分发挥它的效能，甚至会过早地丧失切削能力。因此，锉削之前必须正确地选择锉刀。通常应根据工件的表面形状、尺寸精度、材料性质、加工余量以及表面粗糙度等要求来选用。

表 4-1　钳工锉的锉纹参数（摘自 GB/T 5806—2003）

长度规格/mm	每 10mm 主锉纹条数					辅锉纹条数	边锉纹条数	主锉纹斜角 λ		辅锉纹斜角 ω		边锉纹斜角 θ
	锉纹号							1~3 号锉纹	4~5 号锉纹	1~3 号锉纹	4~5 号锉纹	
	1	2	3	4	5							
100	14	20	28	40	56	为主锉纹条数的 75%~95%	为主锉纹条数的 100%~120%	65°	72°	45°	52°	90°
125	12	18	25	36	50							
150	11	16	22	32	45							
200	10	14	20	28	40							
250	9	12	18	25	36							
300	8	11	16	22	32							
350	7	10	14	20	—							
400	6	9	12	—	—							
450	5.5	8	11	—	—							

注：1 号锉纹为粗齿锉刀；2 号锉纹为中齿锉刀；3 号锉纹为细齿锉刀；4 号锉纹为双细齿锉刀；5 号锉纹为油光锉。

锉刀的横截面形状及尺寸应与工件被加工表面形状与大小相适应，如图 4-7 所示。

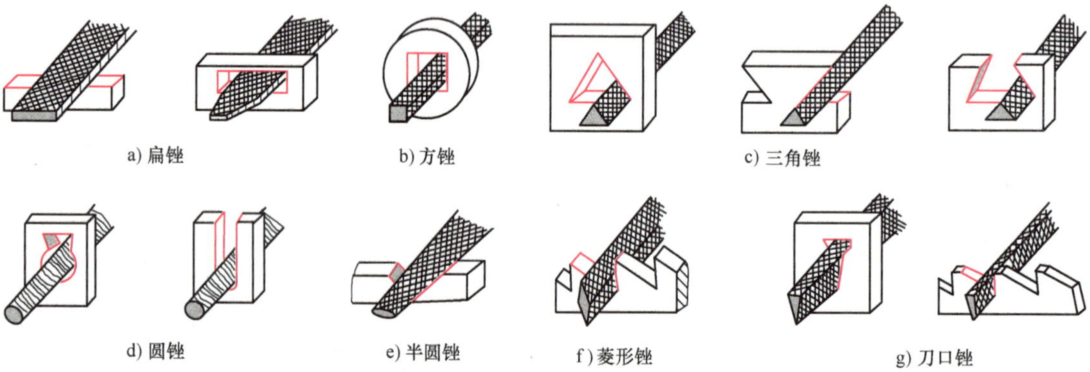

图 4-7　不同加工表面的锉刀选择

一般来说，粗齿锉刀用于锉削铜、铝等软金属及加工余量大、精度低和表面粗糙的工件；细齿锉刀用于锉削钢、铸铁以及加工余量小、精度要求高和表面粗糙度数值较低的工件；油光锉则用于最后修光工件表面。锉刀粗细规格的选用见表 4-2。

表 4-2　锉刀粗细规格的选用

粗细规格	使用场合		
	锉削余量/mm	尺寸精度/mm	表面粗糙度 Ra/μm
1 号（粗齿锉刀）	0.5~1	0.2~0.5	100~25
2 号（中齿锉刀）	0.2~0.5	0.05~0.2	25~6.3
3 号（细齿锉刀）	0.1~0.3	0.02~0.05	12.5~3.2
4 号（双细齿锉刀）	0.1~0.2	0.01~0.02	6.3~1.6
5 号（油光锉）	0.1 以下	0.01	1.6~0.8

4.1.3　锉削操作方法

1. 工件装夹

工件必须牢固地装夹在台虎钳钳口的中间，并略高于钳口。夹持已加工表面时，应在钳口与工件间垫以铜片或铝片。易于变形和不便于直接装夹的工件，可以用其他辅助材料设法装夹。

2. 正确选择锉刀

锉削前，应根据金属材料的硬度、加工余量的大小、工件的表面粗糙度要求来选择锉刀。加工余量小于 0.2mm 时，宜用细锉。

锉削和锉刀

3. 锉刀的握法

大锉刀的握法如图 4-8a 所示。右手心抵着锉刀木柄的端头，大拇指放在锉刀木柄的上面，其余四指放在下面，配合大拇指捏住锉刀木柄。左手掌部压在锉刀另一端，拇指自然伸直，其余四指弯曲扣住锉刀前端。

中锉刀的握法如图 4-8b 所示。右手握法与大锉刀的握法相同，左手用大拇指和食指捏住锉刀的前端。

小锉刀的握法如图 4-8c 所示。右手拇指和食指伸直，拇指放在锉刀木柄上面，食指靠在锉刀的刀边，左手几个手指压在锉刀中部。

整形锉的握法如图 4-8d 所示。一般只用右手拿着锉刀，食指放在锉刀上面，拇指放在锉刀的左侧。

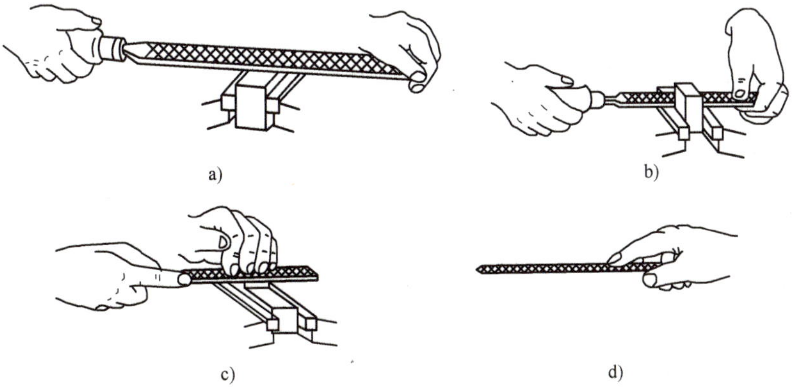

图 4-8　锉刀的握法

4. 锉削力与锉削速度

锉削时两手施于锉刀的力应保持锉刀的平衡，才能锉出平整的平面，如图 4-9 所示。推进锉刀时的推力大小主要由右手控制，而压力的大小由两手控制。为保持锉刀平稳前进，锉刀前后两端以工件为支点所受的力矩应相等。由于锉刀的位置不断改变，两手所施加的压力要随之发生相应改变。

锉削时的速度一般为每分钟 30~60 次，速度太快，容易疲劳和加快锉齿的磨损。

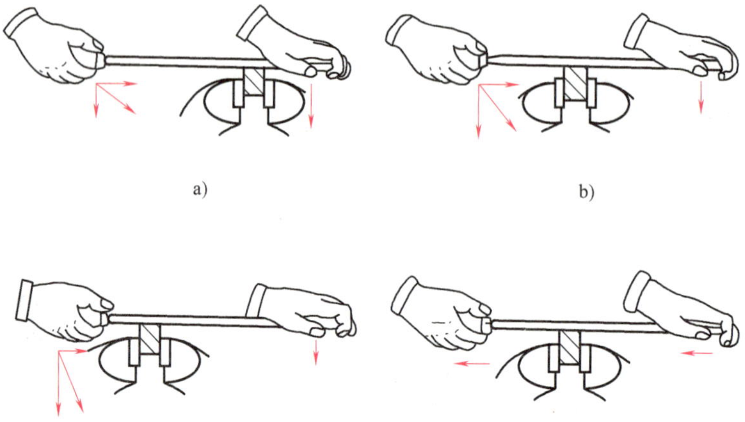

a)　　b)　　c)　　d)

图 4-9 锉削力的控制

5. 锉削姿势和要领

正确的锉削姿势和动作，能减少疲劳，提高工作效率，保证锉削质量。只有勤学苦练，才能逐步掌握这项技能。锉削姿势与使用的锉刀大小有关，用大锉锉平面时，正确姿势如下：

（1）站立姿势（位置） 两脚立正面向虎钳，站在虎钳中心线左侧，与虎钳的距离按大小臂垂直、端平锉刀、锉刀尖部能搭放在工件上来掌握。然后迈出左脚，迈出距离从右脚尖到左脚跟约等于锉刀长。左脚与虎钳中线约呈 30°角，右脚与虎钳中线约呈 75°角，如图 4-10 所示。

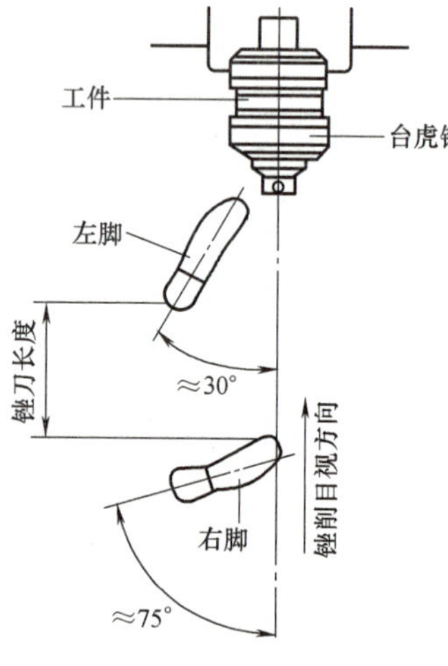

图 4-10 锉削时的站立姿势

（2）锉削姿势 锉削时的锉削姿势如图 4-11 所示，左腿弯曲，右腿伸直，身体重心落在左脚上。两脚始终站稳不动，靠左腿的屈伸做往复运动。手臂和身体的运动要互相配合。锉削时要使锉刀的全长充分利用。

开始锉时，身体要向前倾斜 10°左右，左肘弯曲，右肘向后，但不可太大，如图 4-11a 所示。锉刀推到 1/3 时，身体向前倾斜 15°左右，使左腿稍弯曲，左肘稍直，右臂前推，如图 4-11b 所示。锉刀继续推到 3/4 时，身体逐渐倾斜到 18°左右，使左腿继续弯曲，左肘渐直，右臂向前推进，如图 4-11c 所示。锉刀继续向前推，把锉刀全长推尽，身体随着锉刀的反作用退回到 15°位置，如图 4-11d 所示。推锉终止时，两手按住锉刀，身体恢复原来位置，不给锉刀压力或略提起锉刀把它拉回。

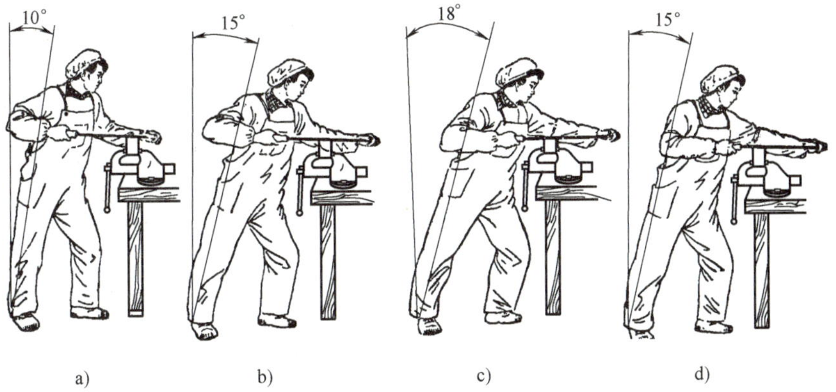

图 4-11　锉削时的锉削姿势

6. 锉削方法

常见结构锉削方法

（1）平面的锉削

1）顺锉法。锉刀的切削运动是单方向的。锉刀每次退回时，横向移动 5~10mm，如图 4-12a 所示。

2）交叉锉法。锉刀的切削运动方向是交叉进行的，如图 4-12b 所示。这种锉削方法容易锉出准确的平面，适用于锉削余量较大的工件。

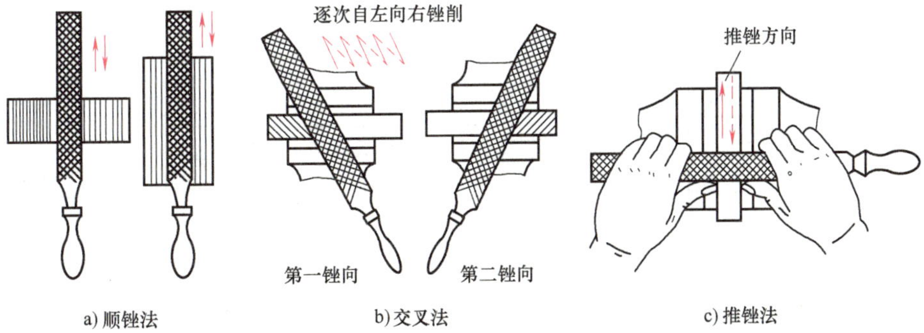

图 4-12　平面锉削方法

3）推锉法。推锉法如图 4-12c 所示。两手横握锉刀，拇指抵住锉刀侧面，沿工件表面平稳地推拉锉刀，以得到平整光洁的表面。这种锉削法是在工件表面已经锉平、余量很小的情况下，修光工件表面用的。为减小工件表面粗糙度值，可在锉刀上涂些粉笔灰，或将砂布垫在锉刀下面推锉。

（2）圆弧面的锉削

1）外圆弧面的锉削。锉削外圆弧面时，锉刀除向前运动外，还要沿工件加工面做圆弧运动，如图 4-13 所示。

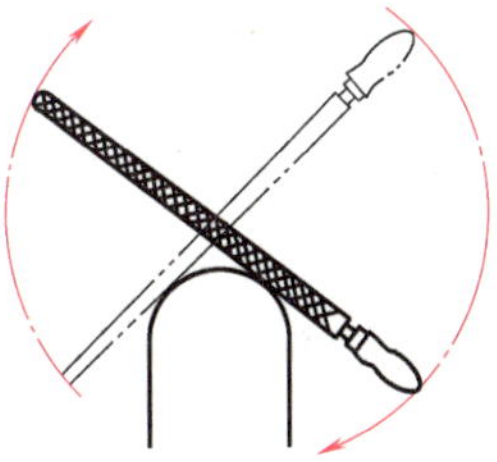

图 4-13　锉削外圆弧面

2）内圆弧面的锉削。锉削内圆弧面时，锉刀除向前运动外，锉刀本身要做旋转运动和向左或向右移动，如图 4-14 所示。

（3）锉通孔

根据工件通孔的形状、工件材料、加工余量、加工精度和表面粗糙度来选择所需的锉刀。通孔的锉削如图 4-15 所示。

7. 锉削质量检查

锉削属于钳工精加工，因此，锉削中一定要进行质量检查。检查时，要按图样上的技术要求细致地进行，以确保加工质量符合要求。下面介绍几种检查方法：

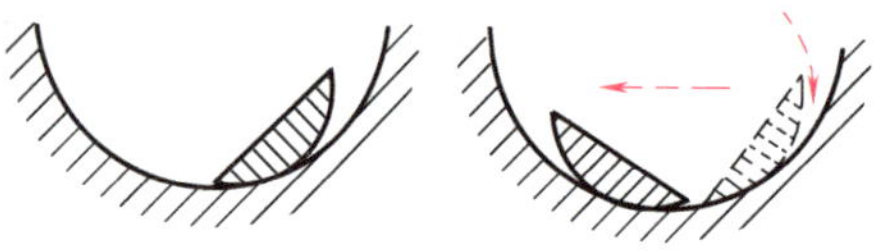

图 4-14　锉削内圆弧面

图 4-15　通孔的锉削

（1）检查平面度误差的方法

1）将工件擦净，用刀口尺或钢直尺以透光法来检查平面度误差。如图 4-16a 所示，检查时，刀口尺或钢直尺只用三个手指——大拇指、食指、中指拿住尺边，如果刀口尺与工件平面间透光微弱而均匀，说明该平面是平直的，如果透光强弱不一，说明该平面高低不平，如图 4-16b 所示。检查时应在工件的横向、纵向和对角线方向多处进行，如图 4-16c 所示。移动刀口尺或钢直尺时，应把它提起，并轻轻地放在新的位置上，不准用刀口尺或钢直尺在工件表面上来回拉动。

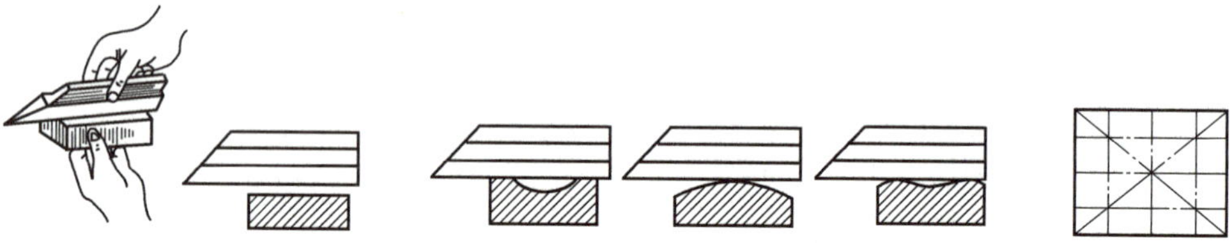

图 4-16　用刀口尺检查平面度误差

2）研磨法。如图 4-17 所示，在平板上涂红丹，然后把锉削平面放在平板上，均匀地轻微研磨几下。如果平面着色均匀说明平直了；如果有的呈灰亮色（高处），有的没有着色（凹处），说明高低不平。高低适当的地方呈黑色。

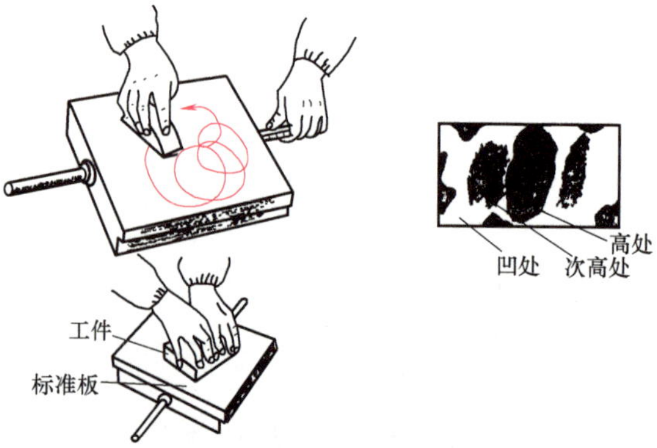

图 4-17　研磨法检查平直度

（2）检查垂直度误差　检查垂直度使用直角尺。检查时，也采用透光法，选择基准面，并对其他各面有次序地检查。如图 4-18a 所示，阴影为基准面。

（3）检查平行度误差和尺寸　用卡钳或游标卡尺检查。检查时，在全长不同的位置上，要多检查几次，如图 4-18b 所示。

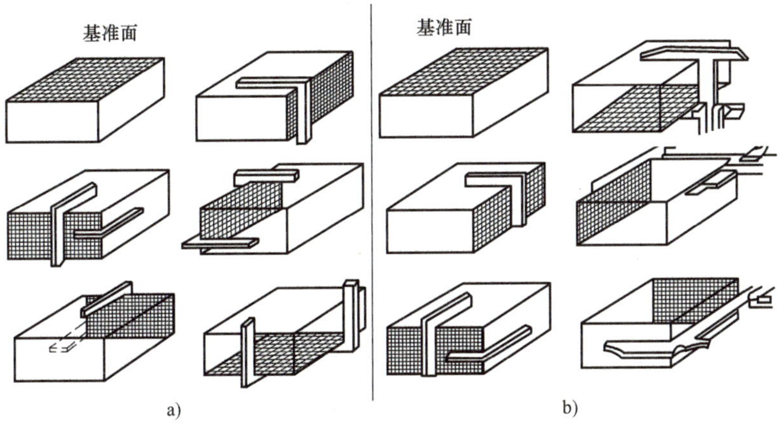

图 4-18　检查垂直度和平行度误差

（4）表面粗糙度的检查　一般用眼睛直接观察。为鉴定准确，可用表面粗糙度样板对照检查。

4.2　锉削操作

4.2.1　任务导入

根据图 4-19 所示的零件要求进行工件的锉削加工。

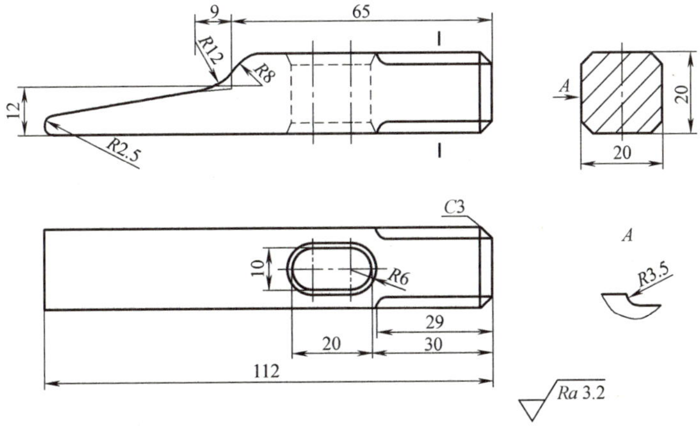

图 4-19　锤子零件图

4.2.2　任务分析

本章节的任务是学习锉削加工操作，学会按照图样的要求完成倒角、圆弧面及斜面的加工。

通过整个锉削工作的实施，学生可学会观察图样，并能进行基本的分析，制订合理的锉削工艺流程；学会运用正确的工具进行正确的操作，能达到技术要求并掌握锉削技能；同时，培养学生自主分析、独立动手的能力，达到预期的教学目的。

1. 零件图分析

从零件图中可以看出，零件长度方向上的尺寸标注基准为右侧面，长度为 112mm。高度方向的尺寸基准为底面，高度为 20mm。图中 *R*2.5mm、*R*3.5mm、*R*8mm、*R*12mm 的圆角、*C*3 的倒角、倒角长度 29mm 这些是关键的形状及尺寸要求，同时还要保证表面粗糙度 *Ra*3.2μm 的要求。

2. 工作任务

锉削工作任务见表 4-3。

表 4-3　锉削工作任务

序号	具体工作任务
1	外方形倒角
2	右端面倒角 *C*3
3	加工 *R*12mm 圆弧面
4	加工斜面

4.2.3　任务准备

1. 资源要求

1）钳工实训中心（钳工工作台：1 人/台）。

2）工艺装备。

① 工具：小圆锉、半圆锉、锯、扁锉等。

② 量具：钢直尺、游标卡尺、高度游标卡尺、半径样板。

2. 材料准备

本次任务在前面划线的基础上进行锉削加工。每名同学备料一块，尺寸为 114mm×20mm×20mm，材料为 HT200。

4.2.4　任务实施

1. 任务实施步骤

（1）粗锉小圆弧　注意工件的装夹；注意留好精锉余量，如图 4-20 所示；注意正确的加工工艺顺序。

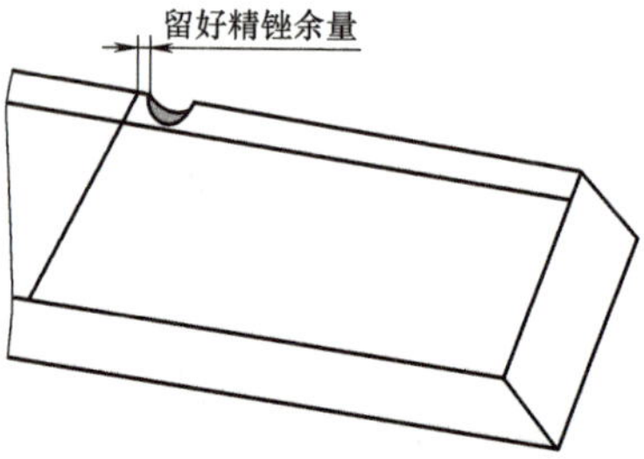

图 4-20　粗锉小圆弧

（2）粗锉长边倒角　粗锉长边倒角如图 4-21 所示，注意留好精锉余量。

（3）精锉长边与小圆弧　精锉长边与小圆弧如图 4-22 所示。

（4）粗锉、精锉短边倒角　粗锉、精锉短边倒角如图 4-23 所示。

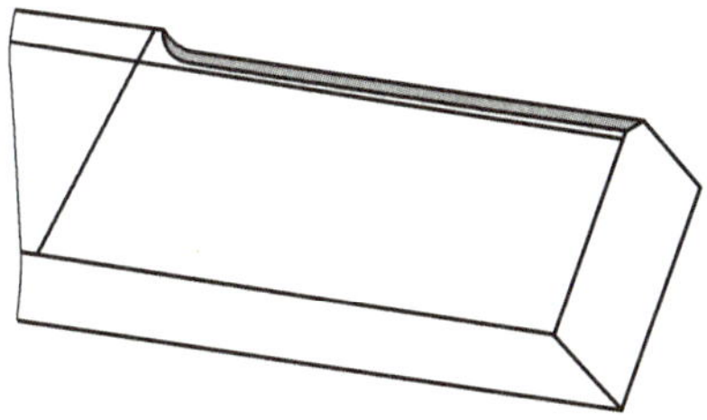

图 4-21　粗锉长边倒角

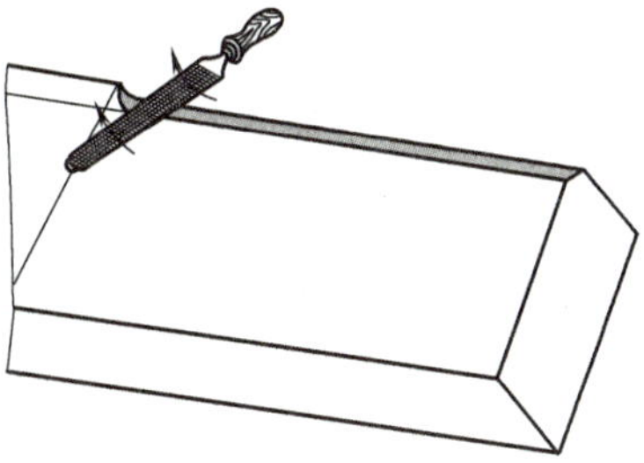

图 4-22　精锉长边与小圆弧

（5）精锉四角　精锉四角如图 4-24 所示，这是完成 C3mm 倒角的全部锉削任务的最后一步。

（6）锯削圆弧面　锯削圆弧面如图 4-25 所示。

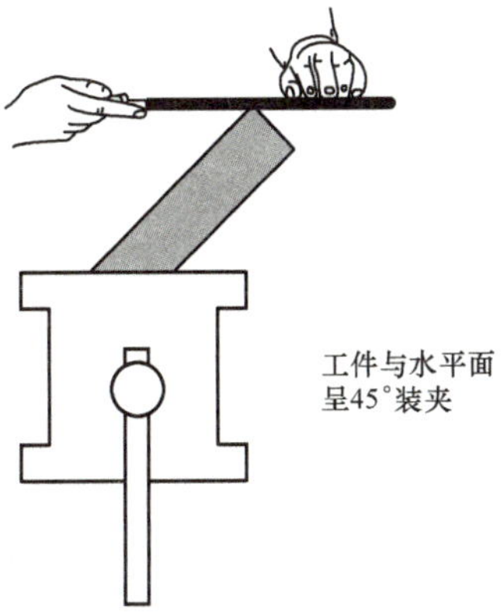

图 4-23　粗锉、精锉短边倒角

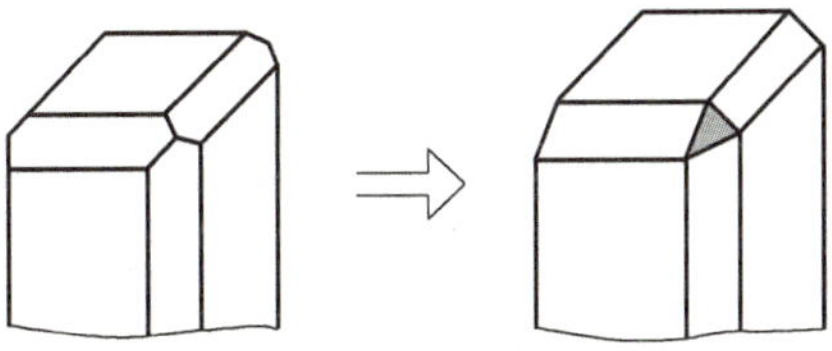

图 4-24　精锉四角

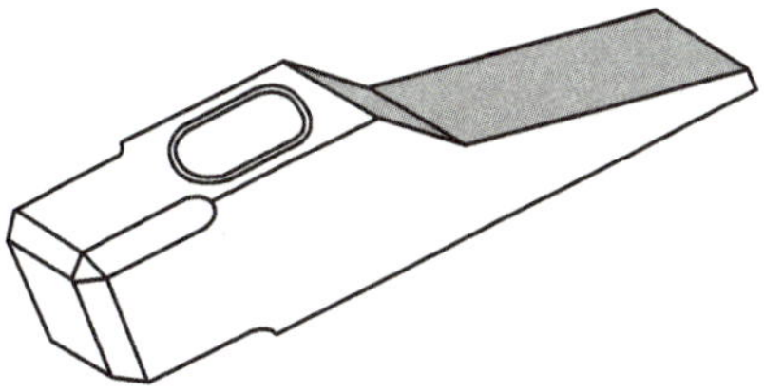

图 4-25　锯削圆弧面

（7）粗锉及精锉圆弧面　粗锉及精锉圆弧面分别如图 4-26 和图 4-27 所示。

图 4-26　粗锉圆弧面

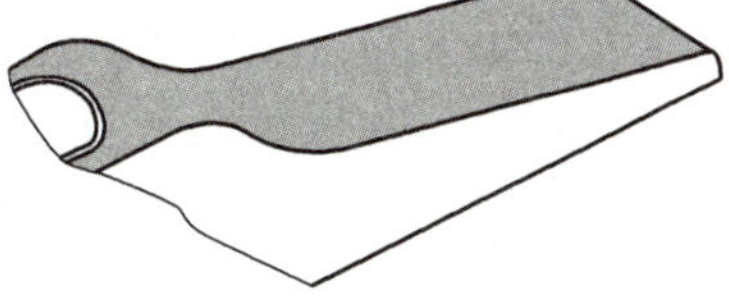

图 4-27　精锉圆弧面

（8）去毛刺，完成加工　完成两个部位的加工，完成效果图分别如图 4-28 和图 4-29 所示。

2. 操作要点

1）应该利用小圆锉来加工圆弧。

2）锉削每个小平面时要注意其平面度。

3）斜面锯削时注意斜起锯的方向。

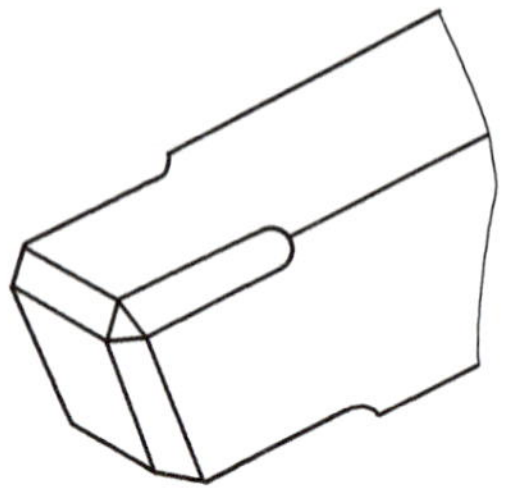

图 4-28　完成加工后的四角

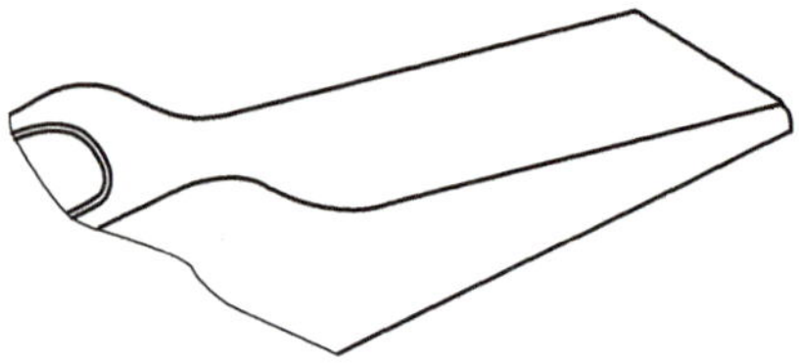

图 4-29　完成加工后的圆弧面

4）斜面与圆弧面要光滑连接。

5）最后修光纹路方向要一致。

3. 注意事项

1）不要超出划线范围，尤其是尺寸 29mm。

2）粗加工时先加工圆弧后加工平面。

3）不要遗漏最后四个小面的加工。

4）两斜面锯削时不要锯得太深，以防破坏圆弧。

5）注意每个面的垂直度误差不要超差。

6）圆弧面的轮廓度注意用半径样板进行测量。

4.2.5　任务评价

1. 锉削质量评价（表 4-4）

表 4-4　锉削质量评价

序号	项目	质量检测内容	配分	评分标准	实测结果	得分
1	尺寸	长度 29mm	5	每超 0.1mm 扣 2 分		
		倒角 $C3$mm	10	每超 0.1mm 扣 2 分		
2	形状	$R2.5$mm	10	酌情扣分		
		$R8$mm	10	酌情扣分		
		$R12$mm	5	酌情扣分		
3	连接	光滑连接	10	酌情扣分		
4	表面粗糙度	表面粗糙度符合要求	5	酌情扣分		
		纹路方向一致	5	不符合要求不得分		
总得分						

2. 锉削任务评价（表 4-5）

表 4-5　锉削任务评价

序号	考核项目	质量检测内容	配分	评分标准	评价结果	得分
1	加工准备（15 分）	工具、量具清单完整	5	缺 1 项扣 1 分		
		工服穿着整洁	5	酌情扣分		
		工具、量具摆放整齐	5	酌情扣分		

（续）

序号	考核项目	质量检测内容	配分	评分标准	评价结果	得分
2	操作规范（15分）	锉削操作正确性	8	酌情扣分		
		量具使用正确性	7	酌情扣分		
3	文明生产（10分）	操作文明安全，工完场清	10	不符合要求不得分		
4	完成时间			每超过10min扣2分 超过30min不及格		
5	锉削质量	见表4-4	60	见表4-4		
总配分			100	总得分		

工匠故事

顾秋亮：“两丝”钳工

顾秋亮，男，江苏无锡人，生于1955年，中国船舶重工集团公司第七〇二研究所水下工程研究开发部职工，蛟龙号载人潜水器首席装配钳工技师。参加过我国首个自主设计、自行研制的大深度载人潜水器“蛟龙号”的研发，任“蛟龙号”总装组组长。退休后因其丰富的经验和职业水准，被返聘参与“深海勇士号”研制，负责安装“深海勇士号”关键部件。因他能够不依靠检测仪器，仅凭目测手摸，判断出的精密度能达到两“丝”，也被同行誉为“顾两丝”。

思考与练习

1. 锉刀由哪几部分组成？各包含什么结构？
2. 锉刀的种类有哪些？
3. 锉刀的尺寸规格以什么表示？粗细规格用什么表示？
4. 锉刀的握法有哪几种？
5. 锉削的姿势和要领有哪些？
6. 平面锉削和曲面锉削各有哪些操作要点？
7. 锉削加工后工件的平面度、垂直度、平行度和表面粗糙度如何进行检验？
8. 如何保养锉刀？

模块5

錾削准备及錾削操作

学习目标

1. 熟知錾削加工的基本概念、主要工具及适用加工场合。
2. 掌握錾削的站姿及錾削工具使用方法。
3. 掌握平面錾削及油槽錾削的基本操作方法。
4. 掌握錾削加工中常见问题及产生的原因。
5. 培养规范操作和精益求精的职业精神。

錾削加工是用锤子敲击錾子对金属工件进行切削加工的方法，錾削是一种粗加工，一般按所划加工线进行加工，平面度误差可控制在 0.5mm 之内。目前，錾削工作主要用于不便于机械加工的场合，如清除毛坯上的多余金属、分割材料、錾削平面及沟槽等。

5.1 錾削工具

5.1.1 錾削工具

錾削的工具主要是錾子和锤子。

1. 錾子

錾子是錾削用的刀具，一般用碳素工具钢（T7A）锻成，它由头部、錾身及切削部分组成。头部顶端略带球形，以便锤击时作用力容易通过錾子中心线。錾身部分为便于把持，多成八棱形，以防止錾削时錾子转动。切削部分刃磨成楔形，经热处理后硬度达到 56～62HRC，如图 5-1 所示。

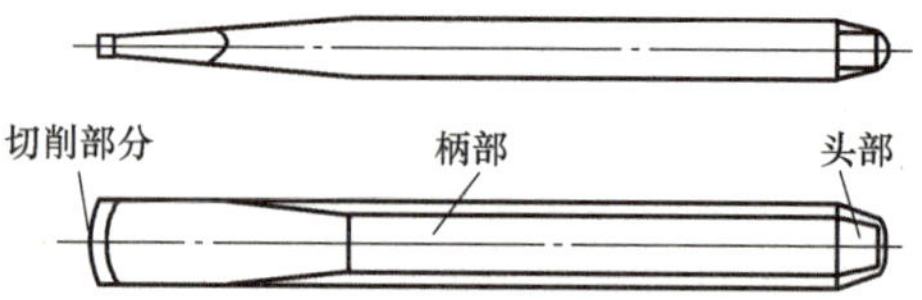

图 5-1 錾子的结构

（1）錾子的种类及应用　常用錾子有扁錾、尖錾和油槽錾三种。

1）扁錾。扁錾的形状如图 5-2a 所示。扁錾的切削部分扁平，刃口略带弧形。扁錾主要用于錾削平面、去毛刺和分割板料等。

2）尖錾。尖錾的形状如图 5-2b 所示。尖錾的切削刃比较短，切削部分的两侧从切削刃到錾身逐渐狭小，以防止錾槽时两侧面被卡住。尖錾主要用来錾削沟槽及分割曲线形板料。

3）油槽錾。油槽錾的形状如图 5-2c 所示。油槽錾的切削刃很短，并呈圆弧形，为了能在对开式的内曲面上錾削油槽，其切削部分做成弯曲形状。油槽錾常用来錾切平面或曲面上的油槽。

（2）錾子的切削原理　以平面錾削为例，錾子切削部分由前刀面、后刀面以及它们的交线形成的切削刃组成。如图5-3所示，錾子在切削时形成的切削角度有以下几个。

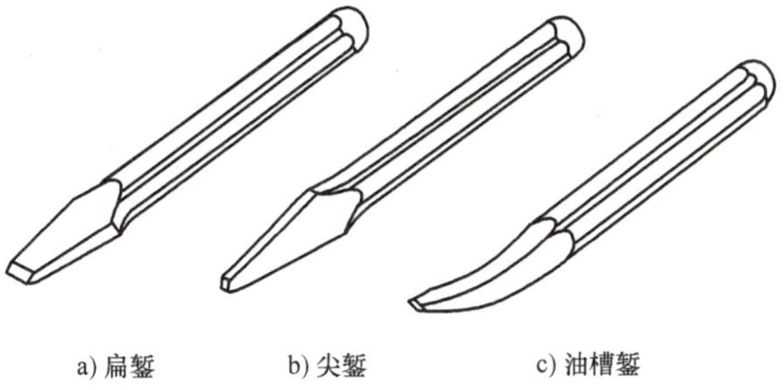

图5-2　錾子的种类

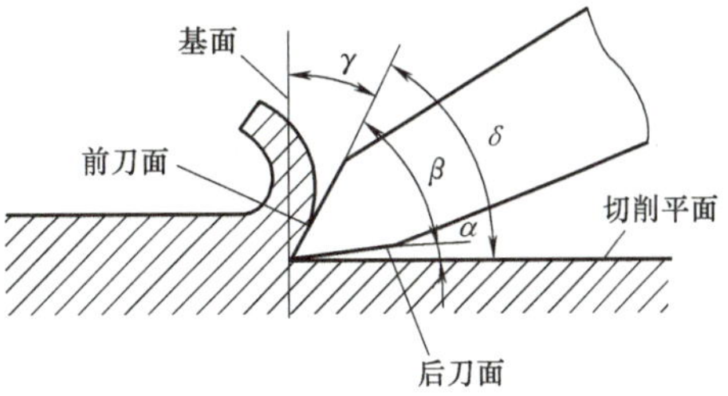

图5-3　錾子的切削角度

1）楔角β。前刀面与后刀面的夹角β称为楔角，它是决定錾子切削性能和强度的主要参数。楔角越大，切削部分的强度越高，但錾削阻力也越大，切削越困难。因此，选择錾子楔角时应是在保证切削部分有足够强度的前提下，尽量选取较小的楔角。錾削硬钢或铸铁等硬材料时，楔角β取60°~70°；錾削一般钢料或中等硬度材料时，楔角取50°~60°；錾削铜或铝等软材料时，楔角取30°~50°。

2）前角γ。它的位置是在前刀面与切屑之间的空间范围内，其作用是促进切屑在前刀面上流动轻快、流畅。前角越大，刀具越锐利，越容易切入工件中，切削越省力。

3）后角α。它的位置在后刀面与加工面相切的平面之间的空间内，它的大小直接影响刀具后刀面和已加工面间的摩擦。后角过大，会使錾子切入工件太深，使錾削困难；后角过小，錾子容易划出工件表面，不易切入工件，一般后角选取5°~8°。

2. 锤子

锤子是装配钳工常用的敲击工具，由锤头和木柄组成，如图5-4所示。锤头一般用碳素工具钢制成，并经热处理淬硬。木柄用比较坚韧的木材制成，如白蜡木、檀木等。木柄截面为椭圆形，装入锤孔后用楔子楔紧，以防锤头脱落。

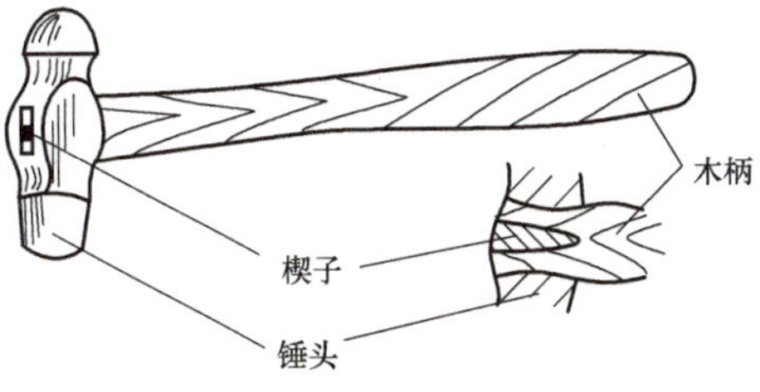

图5-4　锤子的结构

锤子的规格用锤头的质量大小来表示，钳工常用的有0.22kg、0.34kg、0.45kg、0.61kg和0.91kg等几种。其长度应根据不同规格的锤体来选用，如0.61kg锤子的锤柄长度一般为350mm左右。

5.1.2　錾削的站姿及工具使用方法

錾削和錾子

1. 站立姿势

在錾削过程中，操作者的姿势、所站的位置影响着锤击的力量大小。一般站立位置如图5-5所示，身体与台虎钳中心线大致成75°角，略向前倾，左脚跨前半步，膝盖处略弯曲，右脚站稳伸直，作为主要支点。面向工件，目光应落在工件的切削位置，不应落在錾子的头部，这样才能保证錾削的质量。

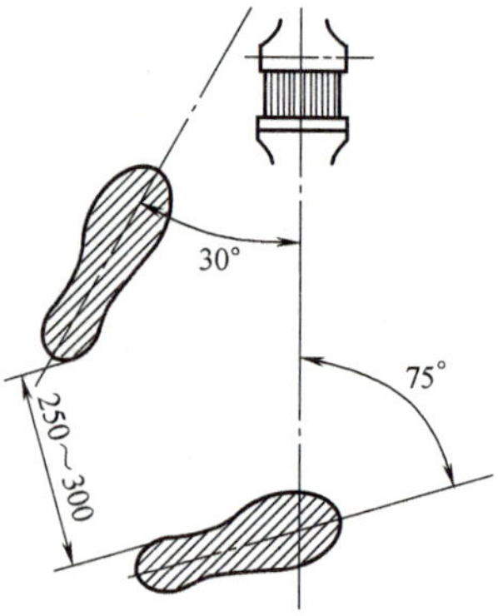

图 5-5　錾削时的站立位置

2. 锤子的握法

锤子的握法有紧握法和松握法两种。

（1）紧握法　如图 5-6a 所示，右手五指紧握锤柄，大拇指合在食指上，虎口对准锤头方向，木柄尾端露出 15～30mm。在挥锤和锤击的整个过程中，右手五指始终紧握锤柄。初学者往往采用此法。

（2）松握法　如图 5-6b 所示，握锤方法同紧握法一样，当锤子抬起时，小指、无名指和中指依次放松，只保持大拇指和食指握持不动。锤击时，中指、无名指和小指再依次握紧锤柄。这种握法，锤击有力，挥锤手不易疲劳。

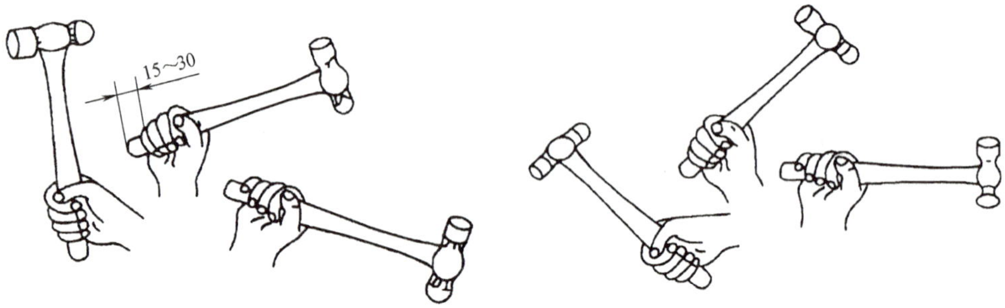

a) 紧握法　　b) 松握法

图 5-6　锤子的握法

3. 錾子的握法

錾子的握法有两种。一种是正握法，如图 5-7a 所示，左手手心向下，拇指和食指夹住錾子，錾子头部伸出 20mm 左右，其余三指向手心弯曲握住錾子，不能太用力，应自然放松，该握法应用广泛。另一种是反握法，如图 5-7b 所示，左手手心向上，大拇指放在錾子侧面略偏上，自然伸屈，其余四指向手心弯曲握住錾子，这种握錾子的方法錾削力较小，錾削方向不容易掌握，一般在不便于正握錾子时才采用。

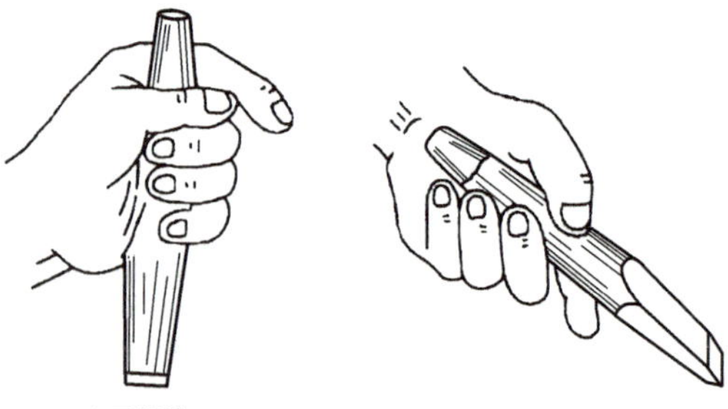
a) 正握法　　b) 反握法

图 5-7　錾子的握法

4. 挥锤法

錾削时的挥锤方法有腕挥法、肘挥法和臂挥法三种。

（1）腕挥法　如图 5-8a 所示，仅用手腕的动作进行锤击运动，采用紧握法握锤，一般用于錾削余量较少的錾削开始或结尾。

（2）肘挥法　如图 5-8b 所示，用手腕与肘部一起挥动作锤击运动，采用松握法握锤，锤击力较大，效率较高，应用最多，常用于錾削平面、切断材料或錾削较长的键槽。

（3）臂挥法　如图 5-8c 所示，手腕、肘和全臂一起挥动，协调动作，锤击力最大，一般用于大切削量的錾削。

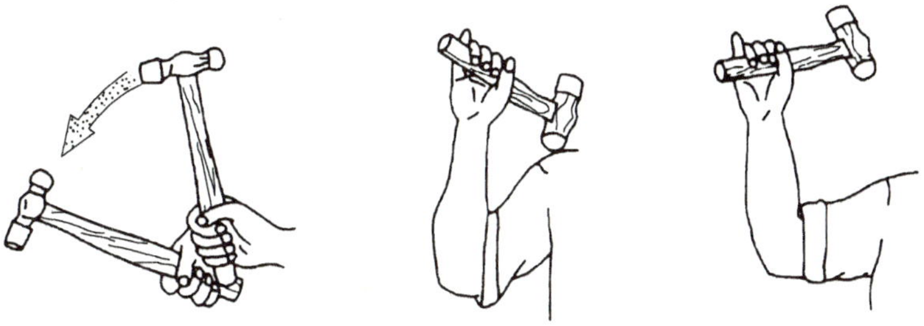

a) 腕挥法　　b) 肘挥法　　c) 臂挥法

图 5-8　挥锤法

5. 锤击要领

锤击时，锤子在右上方划弧形做上下运动，眼睛要看在切削刃和工件之间，锤子敲下去应有加速度，可增加锤击的力量。

锤击要稳、准、狠，其动作要一下一下有节奏地进行。锤击速度一般在肘挥时 40 次/min，腕挥时 50 次/min。

5.1.3　錾削基本操作

1. 錾削基本姿势练习

錾削姿势训练主要通过定点敲击和无刃口錾削，掌握錾子和锤子的握法、挥锤方法、站立姿势等，为平面、直槽錾削打基础。此外，通过錾削训练，还可提高锤击的准确性，为掌握矫正、弯形和装拆机械设备打下扎实的基础。

1）如图 5-9a 所示，将“呆錾子”夹紧在台虎钳中做锤击练习。先左手不握錾子做挥锤练习，然后再握錾子做挥锤练习。要求采用松握法挥锤，达到站立位置和挥锤姿势动作基本正确的要求，并且要有较高的锤击命中率。

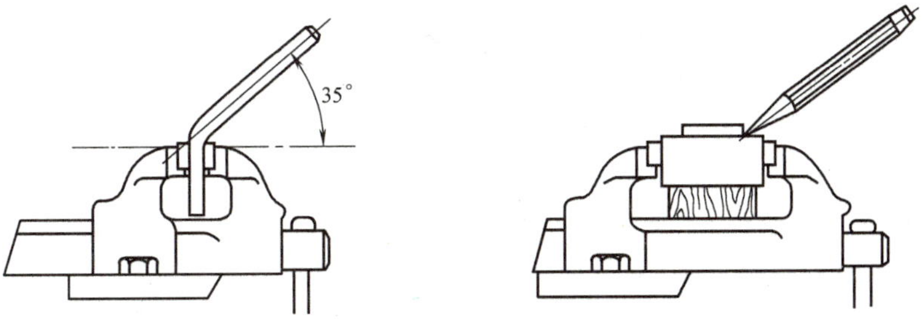

a)“呆錾子”锤击练习　　b) 无刃口錾子练习肘挥法

图 5-9　錾削基本姿势练习

2）如图 5-9b 所示，将长方形铁坯夹紧在台虎钳中，下面垫好木垫，用无刃口錾子对着凸肩部分进行模拟錾削的姿势训练。要求用松握法挥锤，达到站立位置、握錾子方法和挥锤姿势动作正确规范的要求，锤击力量逐步加强。

3）当姿势动作和锤击的力量能适应实际的錾削练习时，进一步用已刃磨的錾子把长方形铁坯的凸台錾平。

2. 平面錾削

（1）起錾方法　錾削平面时，如图 5-10a 所示，应采用斜角起錾的方法，即先在工件的边缘尖角处，将錾子放成$-\theta$角，錾出一个斜面，然后按正常的錾削角度逐步向中间錾削。

在錾削槽时，如图 5-10b 所示，则必须采用正面起錾，即起錾时全部切削刃贴住工件錾削部位的端面，錾出一个斜面，然后按正常角度錾削。

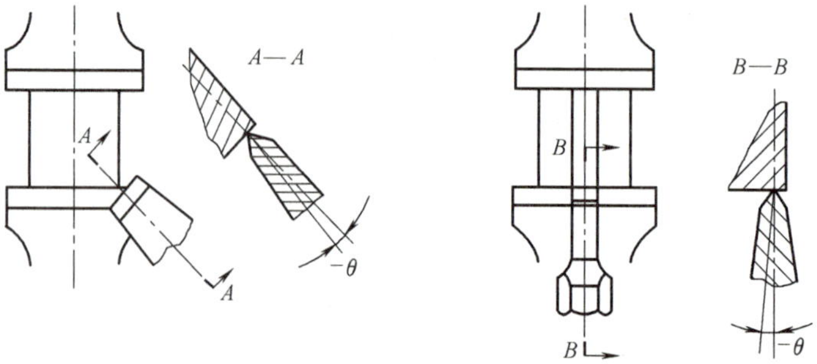

a) 斜角起錾　　b) 正面起錾

图 5-10　起錾方法

（2）正常錾削　錾削时，左手握稳錾子，眼睛注视切削刃处，右手挥锤锤击。一般应使后角 α 保持在 5°～8°之间不变。錾削的切削深度，每次以选取 0.5～2mm 为宜。若錾削余量大于 2mm，可分几次錾削。

在錾削过程中，一般每錾削两次或三次后，可将錾子退回一些，做一次短暂的停顿，然后再将切削刃顶住錾削处继续錾削，这样既可随时观察錾削表面的平整情况，又可使手臂肌肉有节奏地得到放松。

（3）尽头錾削　如图 5-11 所示，在一般情况下，当錾削接近尽头约 15mm 时，必须调头錾去余下的部分。錾削脆性材料时更应如此，否则，尽头处就会崩裂。

（4）窄平面錾削　如图 5-12 所示，在錾削较窄平面时，錾子的切削刃最好与錾削前进方向倾斜一个角度，而不是保持垂直位置，使切削刃与工件有较多的接触面。这样，錾子容易握得稳当，否则錾子容易左右倾斜而使加工面高低不平。

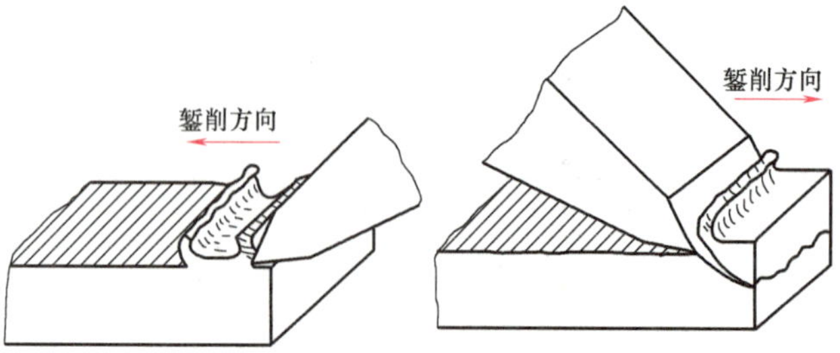

a) 正确　　b) 错误

图 5-11　尽头錾削

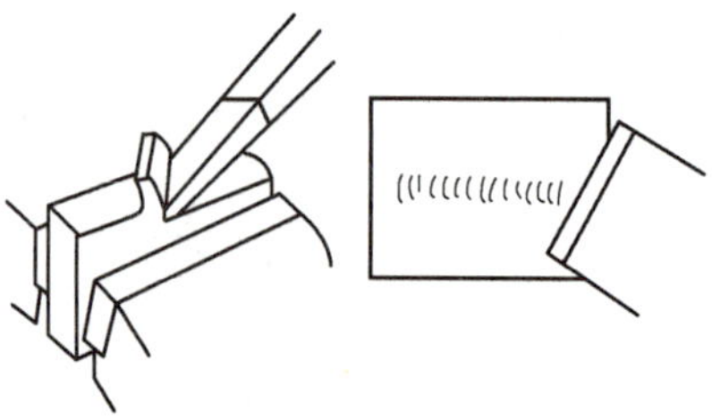

图 5-12　窄平面錾削

常见结构
錾削方法

（5）宽平面錾削　当錾削较宽平面时，由于切削面的宽度超过錾子的宽度，錾子切削部分的两侧被工件材料卡住，錾削十分费力，錾出的平面也不会平整。因此，一般应先用狭錾间隔开槽，然后再用扁錾錾去剩余部分。

（6）錾削油槽　油槽錾切削刃的形状应和图样上油槽断面形状刃磨一致。其楔角大小应根据被錾材料的性质而定。錾子的后面，其两侧应逐步向后缩小，保证錾削时切削刃上各点都能形成一定的后角，并且后面应用磨石修光，以使錾出的油槽表面光洁。在曲面上錾油槽的錾子，为保证錾削过程中的后角基本一致，其錾子前部应锻成弧形，圆弧刃口的中心点应在錾子中心线的延长线上。

在平面上錾油槽如图5-13a所示，起錾时錾子要慢慢地加深至尺寸要求，錾到尽头时刃口必须慢慢翘起，保证槽底圆滑过渡。在曲面上錾油槽如图5-13b所示，錾子的倾斜情况应随着曲面而变动，使錾削时的后角保持不变，油槽錾好后，再修去槽边毛刺。

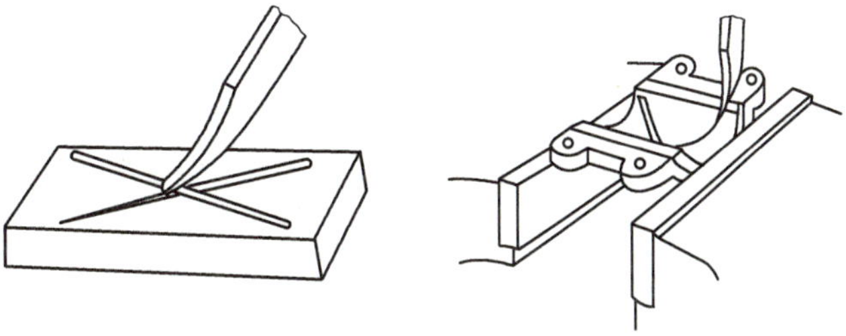

a) 在平面上錾油槽　　b) 在曲面上錾油槽

图5-13　錾削油槽

5.1.4　錾削的常见问题及其产生原因（表5-1）

表5-1　錾削的常见问题及其产生原因

常见问题	产生原因
表面粗糙	1)錾子淬火太硬刃口崩裂或刃口已变钝却还在继续使用 2)锤击力不均匀 3)錾子头部已锤平，使受力方向经常改变
錾削面凹凸不平	1)錾削中，后角在一段过程中过大，造成錾面凹 2)錾削中，后角在一段过程中过小，造成錾面凸
表面有梗痕	1)左手未将錾子握稳而使錾刃倾斜，錾削时刃角梗入 2)錾子刃磨时刃口磨成中凹
崩裂或塌角	1)錾到尽头时未调头錾，使棱角崩裂 2)起錾量太多，造成塌角
尺寸超差	1)起錾时尺寸不准 2)錾削时测量、检查不及时

除以上錾削中的常见问题外，还应该掌握以下的操作及使用方法，确保能够安全、正确地进行錾削加工。

1）錾子刃磨时操作者应站在砂轮机的斜侧位置，要戴好防护眼镜。使用砂轮搁架时，搁架与砂轮相距应在3mm以内，刃磨时对砂轮不能施加太大的压力，不允许用棉纱裹住錾子进行刃磨。

2）錾削时应设立防护网，以防切屑飞出伤人。錾屑要用刷子刷掉，不得用手擦或用嘴吹。

3）錾子头部、锤子锤击面和柄部都不应沾油，以防滑出。发现锤柄有松动或损坏时，要立即装牢或更换，以免锤体脱落造成事故。

4）錾子头部有明显的毛刺时要及时磨掉，避免碎裂伤人。

5.2 錾削操作

5.2.1 任务导入

錾削图 5-14 所示的零件上表面的凸台。

5.2.2 任务分析

本章节的任务主要任务是錾削掉图 5-14 所示零件上的中间凸起部分，与两边面平齐。通过錾削操作，掌握錾子和锤子的握法、挥锤方法、站立姿势等，为学习平面、直槽的錾削打下基础。

通过整个錾削工作的实施，学生可学会观察图样，并能进行基本的分析，制订合理的錾削工艺流程；学会运用正确的工具进行正确的操作，能达到技术要求并掌握錾削技能；同时，培养学生自主分析、独立动手的能力，达到预期的教学目的。

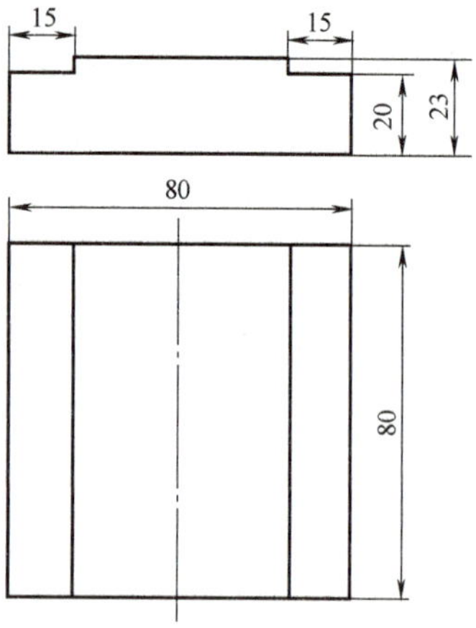

图 5-14 零件图

1. 零件图分析

从零件图中可以看出，零件高度方向的尺寸基准为底面，高度为 23mm。图 5-14 中凸起部分的高度为 3mm。錾削加工的内容就是将平面上凸起的部分通过錾削加工去掉。

2. 工作任务

錾削工作任务见表 5-2。

表 5-2 錾削工作任务

序号	具体工作任务
1	3mm 凸台的錾削加工

5.2.3 任务准备

1. 资源要求

（1）钳工实训中心（钳工工作台：1 人/台）。

（2）工艺装备。

1）工具：锤子、錾子、台虎钳等。

2）量具：钢直尺、游标卡尺。

2. 材料准备

每名同学备料一块，尺寸如图 5-14 所示，材料为 HT200。

5.2.4 任务实施

1. 任务实施步骤

将工件夹在台虎钳中间，下面垫好垫木，如图 5-15 所示。按照图中所示的角度进行錾削加工，把平板上中间凸台部分錾削平。

2. 操作要点

用正握法握錾子，松握法握锤，采用肘挥锤方法进行錾削加工。

3. 注意事项

錾削加工过程中要求站立姿势、握錾方法、握锤方法和挥锤动作协调。

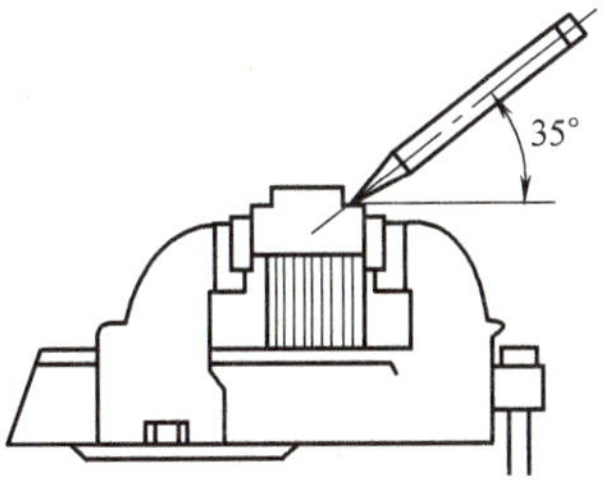

图 5-15　錾削加工

5.2.5　任务评价

1. 錾削质量评价（表 5-3）

表 5-3　錾削质量评价

序号	项目	质量检测内容	配分	评分标准	实测结果	得分
1	尺寸	20mm	20	酌情扣分		
2	表面质量	錾痕整齐	20	酌情扣分		
总得分						

2. 錾削任务评价（表 5-4）

表 5-4　錾削任务评价

序号	考核项目	质量检测内容	配分	评分标准	评价结果	得分
1	加工准备（30 分）	工具、量具清单完整	10	缺 1 项扣 1 分		
		工服穿着整洁	10	酌情扣分		
		工具、量具摆放整齐	10	酌情扣分		
2	操作规范（20 分）	錾削操作正确性	10	酌情扣分		
		量具使用正确性	10	酌情扣分		
3	文明生产（10 分）	操作文明安全，工完场清	10	不符合要求不得分		
4	完成时间			每超过 10min 扣 2 分 超过 30min 不及格		
5	錾削质量	见表 5-3	40	见表 5-3		
总配分			100	总得分		

工匠故事

孟剑锋：錾刻人生

孟剑锋，北京工美集团握拉菲首饰有限公司高级技师，从事工艺美术工作三十多年，被评为全国职工职业道德建设标兵、“国企楷模·北京榜样”人物，并获得“首都劳动奖章”。其事迹在中央电视台专题片《大国工匠》进行报道，是行业唯一代表。他先后参与制作“两弹一星”科学家功勋奖章、“神舟”系列航天英雄奖章、APEC 会议礼品、“一带一路”峰会礼品等国家级项目任务，表现出色，是行业的标兵。弘扬传统文化，传承传统技艺，在平凡的工作中实现自身价值，是孟剑锋坚持不懈的奋斗目标。

思考与练习

1. 錾削的概念是什么？錾削加工的精度如何？
2. 錾削加工可以用在什么场合？
3. 錾削主要使用哪几种工具？
4. 錾子的切削角度如何选择？
5. 挥锤方法有几种？各使用在什么场合？
6. 平面錾削的具体操作有哪些？
7. 油槽錾削的具体操作有哪些？
8. 錾削过程中有哪些常见问题？产生的原因是什么？

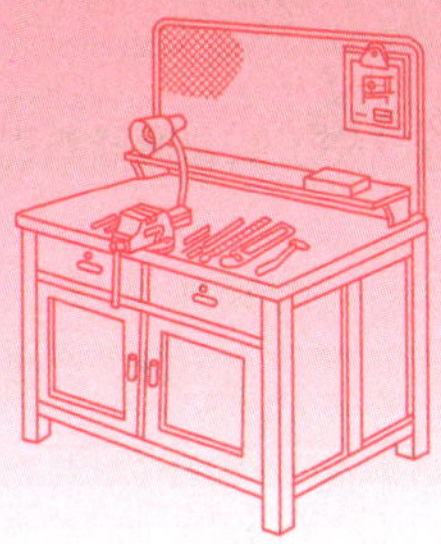

模块6

孔加工准备及孔加工操作

学习目标

1. 熟知孔加工的方法、常用加工设备及复合孔加工刀具的类型。
2. 熟知标准麻花钻的结构、切削部分的几何形状及对切削加工的影响。
3. 掌握标准麻花钻修磨的部位及方法。
4. 掌握扩孔、锪孔及铰孔的加工方法及适用场合。
5. 掌握铰刀的基本结构、种类及铰孔的操作要点。
6. 掌握孔加工的方案拟订方法。
7. 培养规范操作和精益求精的职业精神。

钳工加工孔的方法主要有两类：一类是用麻花钻、中心钻等在实体材料上加工出孔；另一类是用扩孔钻、锪钻或铰刀等对工件上已有的孔进行再加工。

钻孔

6.1 孔加工准备

6.1.1 钻孔

用钻头在实体材料上加工出孔的方法，称为钻孔。钳工钻孔时常在各类钻床上进行，常用的钻床有台式钻床、立式钻床和摇臂钻床，分别用来加工不同规格的孔。如图 6-1 所示，工件固定在钻床工作台上，钻头安装在钻床的主轴孔中，主轴带动钻头做旋转运动并进行轴向进给完成钻孔加工。钻孔过程中主轴的旋转运动是主运动，钻头沿轴向的移动是进给运动。

钻削时，钻头是在半封闭的状态下进行切削的，转速高，切削量大，排屑困难，摩擦严重，钻头易抖动，因此加工精度低，一般尺寸精度只能达到 IT11 ~ IT10，表面粗糙度 Ra 值只能达到 50 ~ 12.5μm。因此，钻孔加工用于孔的粗加工。

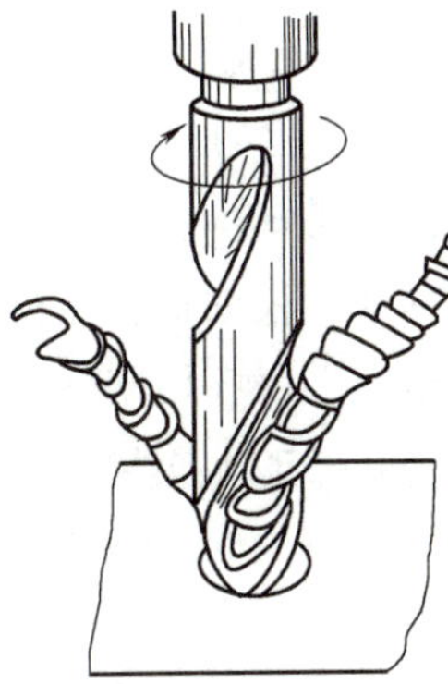

图 6-1　钻孔

1. 常用的钻床

常用钻床有台式钻床、立式钻床和摇臂钻床等。

（1）台式钻床　台式钻床简称台钻，是一种安放在作业台上、主轴垂直布置的小型钻床，最大钻孔直径为 13mm，如图 6-2 所示。

台钻由机头、电动机、塔式带轮、立柱、回转工作台和底座等组成。电动机和机头上分别装有五级塔式带轮，通过改变 V 带在两个塔式带轮中的位置，可使主轴获得五种转速。机头与电动机连为一体，可沿立柱上下移动，根据钻孔工件的高度，将机头调整到适当位置后，通过锁紧手柄使机头固定后方能钻孔。回转工作台可沿立柱上下移动，或绕立柱轴线做水平转动，也可在水平面内做一定角度的转动，以便钻斜孔时使用。较大或较重的工件钻孔时，可将回转工作台转到一侧，直接将工件放在底座上，底座上有两条 T 形槽，用来装夹工件或固定夹具。在底座的四个角上有安装孔，用螺栓将其固定。

（2）立式钻床　立式钻床简称立钻。如图 6-3 所示，主轴箱和工作台安置在立柱上，主轴垂直布置。立钻的刚性好、强度高、功率较大，最大钻孔直径有 25mm、35mm、40mm 和 50mm 等几种。立钻可用来进行钻孔、扩孔、镗孔、铰孔和攻螺纹等。

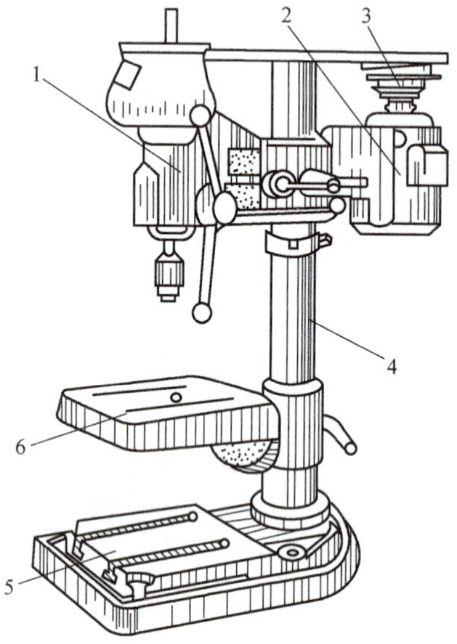

图 6-2　台式钻床

1—机头　2—电动机　3—塔式带轮
4—立柱　5—底座　6—回转工作台

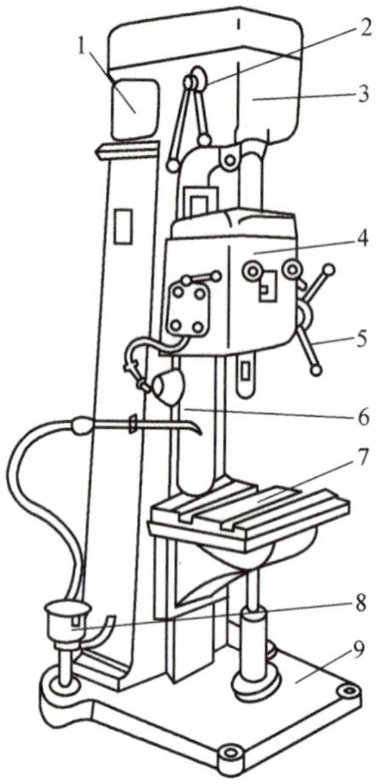

图 6-3　立式钻床

1—电动机　2—变速手柄　3—主轴箱
4—进给箱　5—进给手柄　6—立柱
7—工作台　8—冷却系统　9—底座

立钻由主轴箱、电动机、进给箱、立柱、工作台、底座和冷却系统等部分组成。电动机通过主轴箱驱动主轴旋转，改变变速手柄位置，可使主轴得到多种转速。通过进给箱，可使主轴得到多种进给速度。工作台上有 T 形槽，用来装夹工件或夹具。工作台能沿立柱导轨上下移动，根据钻孔工件的高度，适当调整工作台位置，然后通过压板、螺栓将其固定在立柱导轨上。底座用来安装和固定立钻，并设有油箱，为孔加工提供切削液，以保证较高的生产率和孔的加工质量。

（3）摇臂钻床　如图 6-4 所示，摇臂钻床由摇臂、主轴箱、立柱、主电动机、工作台和底座等部分组成。主电动机旋转直接带动主轴箱中的齿轮系，使主轴获得十几种转速和十几种进给速度，可实现机动进给、微量进给、定程切削和手动进给。主轴箱能在摇臂上左右移动，加工在同一平面上相互平行的孔系。摇臂在升降电动机驱动下，能够沿着立柱轴线随意升降，操作者可手拉摇臂绕立柱转360°，根据工作台的位置，将其固定在适当角度。工作台面上有多条T形槽，用来安装中、小型工件或钻床夹具。当加工大型工件时，将工作台移开，工件放在底座上加工，必要时可通过底座上的T形槽螺栓将工件固定，然后再进行孔系的加工。

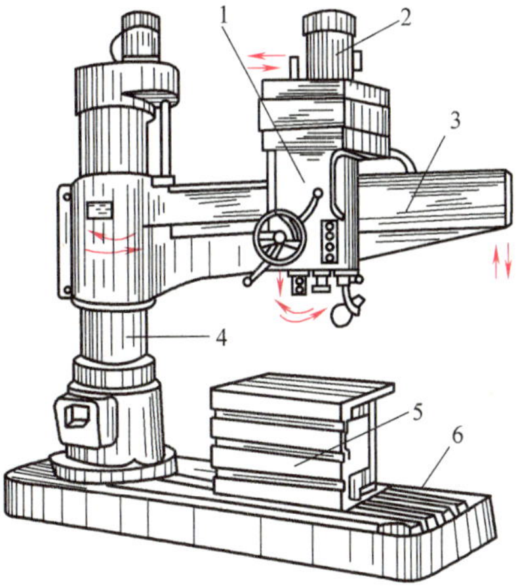

图 6-4　摇臂钻床

1—主轴箱　2—主电动机　3—摇臂　4—立柱　5—工作台　6—底座

（4）钻床使用注意事项

1）工作前，应按润滑标牌上的位置检查导轨，清除导轨污物，并在各润滑点加润滑油；低速运转；检查主轴箱的油窗，看油量是否充足；并观察各传动部位有无异常现象。

2）操作钻床时，严禁戴手套或垫棉纱工作；留长发者要戴工作帽；工件、夹具、刀具必须装夹牢固、可靠。

3）钻深孔或在铸铁件上钻孔时，要经常退刀，排除切屑，不可超规范钻削；钻通孔时，要在工件的底部垫垫板，以免钻伤工作台。

2. 标准麻花钻

标准麻花钻钻头是钻孔常用工具，简称麻花钻或钻头，一般用高速工具钢制成。

（1）麻花钻的组成

a) 直柄式钻头

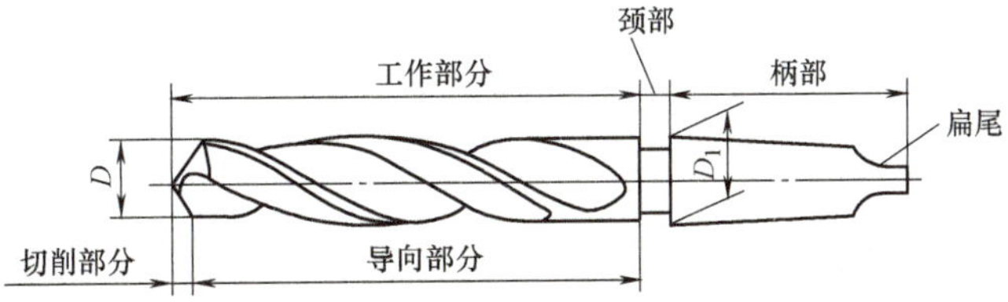

b) 锥柄式钻头

图 6-5　麻花钻

麻花钻由柄部、颈部和工作部分组成，如图6-5所示。

1）柄部。柄部是麻花钻的夹持部分，其作用是定心和传递转矩。它有锥柄和直柄两种。

一般钻头直径小于13mm的制成直柄，如图6-5a所示；直径大于13mm的制成莫氏锥柄，如图6-5b所示。为防止锥柄在锥孔内产生打滑现象，锥柄的尾部制成扁尾形，既增加了传递力矩，又便于钻头从主轴孔或钻套中退出。

2）颈部。颈部的作用是在磨削钻头时作为退刀槽使用，一般也在这个部位刻印钻头的规格、材料牌号及商标等。

3）工作部分。工作部分由切削部分和导向部分组成。切削部分主要起切削作用，它包括两条主切削刃和横刃。导向部分在钻孔时起引导钻头方向和修光孔的作用，同时也是切削部分的备磨部分。导向作用是靠两条沿螺旋槽高出0.5~1mm的棱边（刃带）与孔壁接触来完成的，它的直径略有倒锥，倒锥量在100mm长度内为0.03~0.12mm，其作用是减少钻头与孔壁间的摩擦。导向部分上的两条螺旋槽，用来形成主切削刃和前角，并起着排屑和输送切削液的作用。

（2）切削部分的几何形状及对切削的影响　麻花钻头的角度和各部分名称如图6-6

所示。

1）顶角（2ϕ）。顶角为两主切削刃在其平行平面上的投影之间的夹角。

顶角的大小可根据加工条件由钻头刃磨时决定。标准麻花钻的顶角 $2\phi=118°\pm2°$，这时两切削刃呈直线形。

顶角大小影响主切削刃上进给力的大小。顶角越小，进给力越小，有利于散热和提高钻头寿命。但顶角减小后，在相同条件下，钻头所受的扭矩增大，切屑变形加剧，排屑困难，影响切削液的注入。

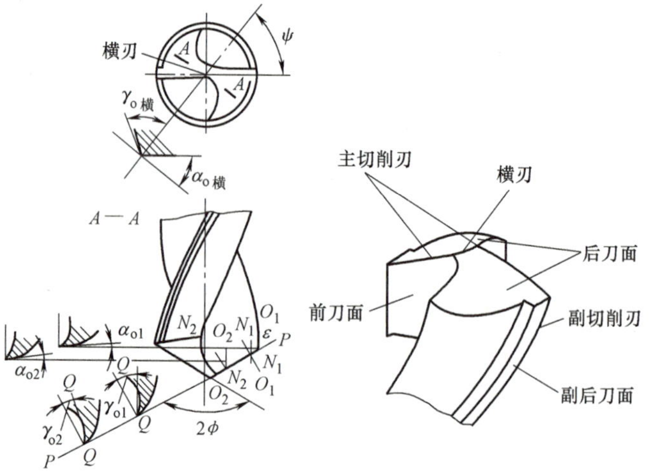

a) 麻花钻的角度　　b) 麻花钻各部分名称

图 6-6　麻花钻的几何形状

2）螺旋角（ω）。螺旋角为螺旋槽上最外缘的螺旋线展开成直线后与钻头轴线的夹角。在钻头不同半径处，螺旋角的大小不相等，自外缘向中心逐渐减小。标准麻花钻 $\omega=18°\sim30°$，直径越小，ω 越小。

3）前角（γ_o）。前角为主切削刃上任一点的前刀面与基面在正交平面上投影的夹角。前角的大小与螺旋角、顶角等有关，而影响最大的是螺旋角，螺旋角越大，前角也就越大。在整个主切削刃上，前角的大小是变化的，越靠近外缘处，前角越大，$\gamma_o=25°\sim30°$，靠近钻头中心 $D/3$ 的范围内为负值。如接近横刃处的前角 $\gamma_o=-30°$，在横刃上的前角 γ_o 为 $-(54°\sim60°)$。

前角大小决定着切削的难易程度和切屑在前刀面上的摩擦阻力大小。前角越大，切削越省力。但在钻削铜、铝等硬度较低、韧性较大的材料时，过大的前角易产生扎刀现象，反而会降低切削性能。

4）后角（α_o）。后角是在正交平面内，主切削刃上任一点的后刀面与切削平面之间的夹角。主切削刃上各点的后角是不等的，外缘处后角最小，越近中心则越大。外缘处的后角按钻头直径大小分为：$D<15\text{mm}$，$\alpha_o=10°\sim14°$；$D=15\sim30\text{mm}$，$\alpha_o=9°\sim12°$；$D>30\text{mm}$，$\alpha_o=8°\sim11°$。

钻心处的后角 $\alpha_o=20°\sim26°$，横刃处的后角 $\alpha_o=30°\sim36°$。

后角越小，钻头后刀面与工件切削表面间的摩擦越严重，切削强度越高。因此，钻硬材料时，后角可适当小些，以保证切削刃强度；钻软材料时，后角可稍大一些，以使钻削省力。

5）横刃斜角（ψ）。横刃斜角是在垂直于钻头轴线的端面投影中，横刃和主切削刃所夹的锐角。它的大小与后角的大小密切相关。后角大时，横刃斜角相应减小，横刃变长，轴向阻力增大，钻削时不易定心。标准麻花钻的横刃斜角 $\psi=50°\sim55°$。

（3）标准麻花钻的缺点

1）横刃较长，横刃处前角为负值。切削中，横刃处于挤刮状态，产生很大的进给力，钻头易抖动，导致不易定心。

2）主切削刃上各点的前角大小不一样，致使各点切削性能不同。由于靠近钻心处的前角是负值，切削为挤刮状态，切削性能差，产生热量大，钻头磨损严重。

3）棱边处的副后角为零。靠近切削部分的棱边与孔壁的摩擦比较严重，易发热磨损。

4）主切削刃外缘处的刀尖角较小，前角很大，刀齿薄弱，而此处的切削速度最高，故产生的切削热最多，磨损极为严重。

5）主切削刃长且全部参与切削，增大了切屑变形，排屑困难。

（4）标准麻花钻的修磨　为改善标准麻花钻的切削性能，提高钻削效率并延长刀具寿命，通常要对其切削部分进行修磨。刃磨钻头常在砂轮机上进行，砂轮的粒度为 F46～F80，硬度为中等。一般是按钻孔的具体要求，有选择地对麻花钻进行修磨。刃磨麻花钻时，主要是刃磨两个主后刀面，同时保证后角、顶角和横刃斜角正确。刃磨后麻花钻两主切削刃对称，也就是两主切削刃和轴线成相等的角度，并且长度相等，顶角 $2\phi=118°\pm2°$，后角 $\alpha=9°\sim12°$，横刃斜角 $\psi=50°\sim55°$。

1）修磨主切削刃。如图 6-7 所示，修磨主切削刃时，要将主切削刃置于水平状态，在略高于砂轮水平中心平面，钻头轴线与砂轮圆柱面素线在水平面内的夹角等于钻头顶角 2ϕ 的一半进行刃磨。

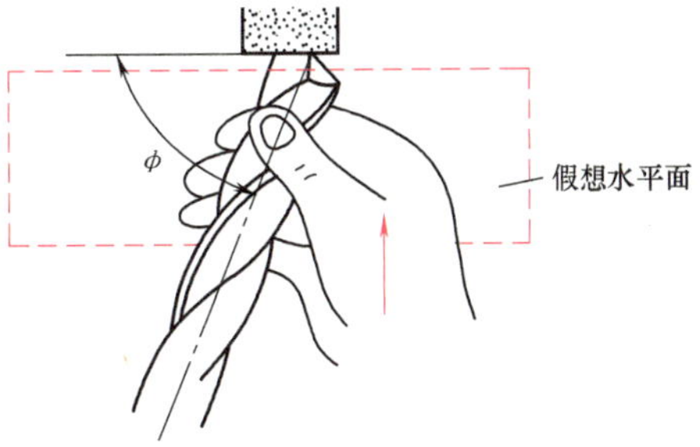

图 6-7　修磨主切削刃

刃磨时，右手握住钻头的头部作为定位支点，并控制好钻头绕轴线的转动和加在砂轮上的压力，左手握住钻头的柄部做上下摆动。钻头绕自身的轴线转动的目的是使其整个后刀面都能磨到，上下摆动的目的是为了磨出一定的后角。两手的动作必须配合协调。由于钻头的后角在钻头的不同半径处是不相等的，因此摆动角度的大小要随后角的大小而变化；一个主切削刃磨好后，将钻头绕其轴线翻转 180°，刃磨另一主切削刃，使磨出的顶角 2ϕ 与轴线保持对称。表 6-1 列出了钻削不同材料时顶角的数据，刃磨时可参照选取。

2）修磨横刃。磨削点大致在砂轮水平中心面上，钻头与砂轮的相对位置如图 6-8a 所示。钻头与砂轮侧面构成 15°角（向左偏），与砂轮中心面构成 55°角。刃磨时，钻头刃背与砂轮圆角接触。磨削时，由外部逐渐向钻心处移动，直至磨出内刃前角，如图 6-8b 所示。修磨中钻头略有转动，磨削量由大到小，至钻心处时应保证内刃前角 γ、内刃斜角 τ 和横刃宽度 b。横刃长度要准确，磨削时动作要轻，防止刃口退火或钻心过薄。

表 6-1　钻头顶角的选择

加工材料	顶角	加工材料	顶角
钢和铸铁	116°~118°	黄铜、青铜	130°~140°
钢锻件	120°~125°	纯铜	125°~130°
锰钢	135°~150°	铝合金	90°~100°
不锈钢		塑料	80°~90°

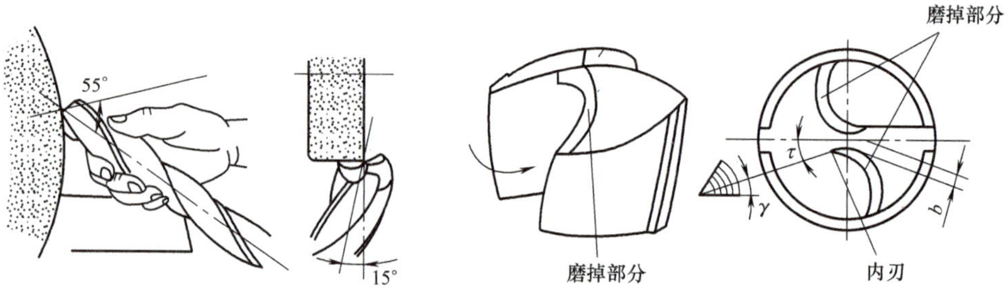

a) 修磨横刃的位置　　b) 修磨横刃后的钻头

图 6-8　横刃的修磨

3）修磨圆弧刃。修磨时，切削刃水平放置，如图 6-9 所示，刃磨在砂轮中心平面上进行。钻头轴线与砂轮中心平面的夹角就是圆弧刃的后角。刃磨时，钻头不能上下摆动或平移，但可做微量移动。刃磨时应控制圆弧半径、内刃顶角、横刃斜角、外刃长度和钻头高五个参数。

4）修磨前刀面。修磨外缘处前刀面，可以减小此处的前角，提高刀齿的强度，钻削黄铜时，可以避免“扎刀”现象，如图 6-10 所示。

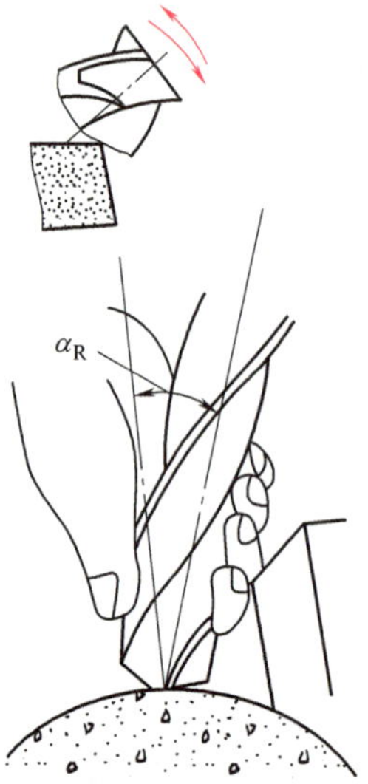

图 6-9　修磨圆弧刃

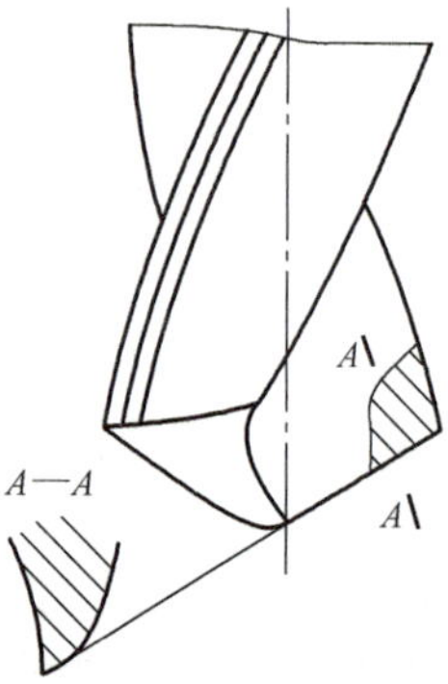

图 6-10　修磨前刀面

5）修磨分屑槽。在两个后刀面或前刀面上磨出几条相互错开的分屑槽，使切屑变窄，以利排屑。直径大于 15mm 的钻头都可磨出分屑槽，如图 6-11 所示。

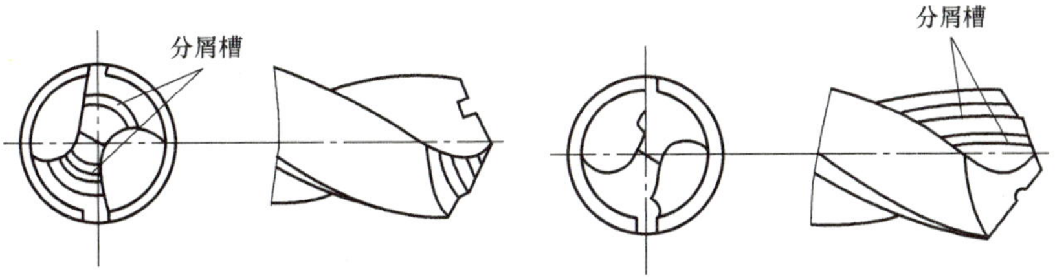

后刀面上磨分屑槽　　　　前刀面上磨分屑槽

图 6-11　修磨分屑槽

6.1.2　扩孔

扩孔

用扩孔工具扩大工件孔径的加工方法称为扩孔，如图 6-12 所示。

由图 6-12 可知，扩孔时的背吃刀量 a_p 为

$$a_p = \frac{D - D_{底孔}}{2}$$

式中　D——扩孔后的直径（mm）；

$D_{底孔}$——扩孔前的直径（mm）。

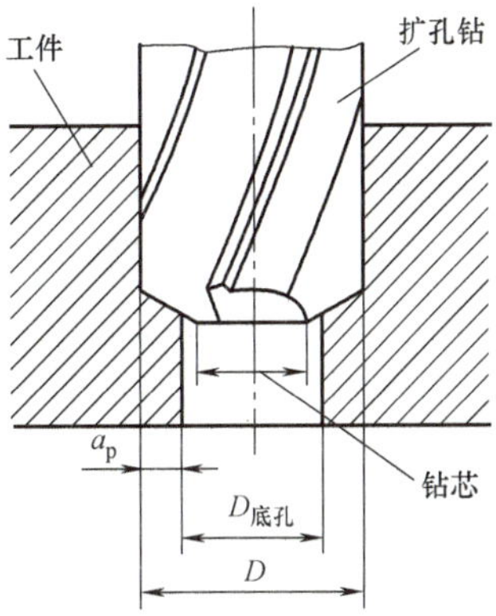

图 6-12　扩孔

1. 扩孔的特点

1）扩孔钻无横刃，避免了横刃切削所引起的不良影响。

2）背吃刀量较小，产生的切屑体积小，切屑容易排出，不易擦伤已加工面。

3）扩孔钻强度高、齿数多（整体式扩孔钻有 3～4 齿），因而导向性好、切削稳定，可使用较大切削用量（进给量一般为钻孔的 1.5～2 倍，切削速度约为钻孔的 1/2），提高了生产率。

4）加工质量较高。尺寸公差等级一般可达 IT10～IT9，表面粗糙度 Ra 值可达 12.5～3.2μm，常作为孔的半精加工及铰孔前的预加工。

2. 扩孔注意事项

1）扩孔钻多用于成批大量生产。小批量生产中常用麻花钻代替扩孔钻使用，此时，应适当减小钻头前角，以防止扩孔时扎刀。

2）用麻花钻扩孔时，扩孔前钻孔直径为要求孔径的 50%～70%；用扩孔钻扩孔时，扩孔前钻孔直径为要求孔径的 90%。

3）钻孔后，在不改变工件与机床主轴相互位置的情况下，应立即换上扩孔钻进行扩孔，使钻头与扩孔钻的轴线重合，保证加工质量。

6.1.3　锪孔

锪孔

用锪钻或锪刀刮平孔的端面或切出沉孔的方法，称为锪孔。锪孔的目的是为保证孔端面与孔轴线的垂直度，以便与孔连接的零件位置正确、连接可靠。

根据其应用，锪钻可分为柱形锪钻、锥形锪钻和端面锪钻，分别用来锪圆柱形沉孔、圆锥形沉孔和锪平面，如图 6-13 所示。

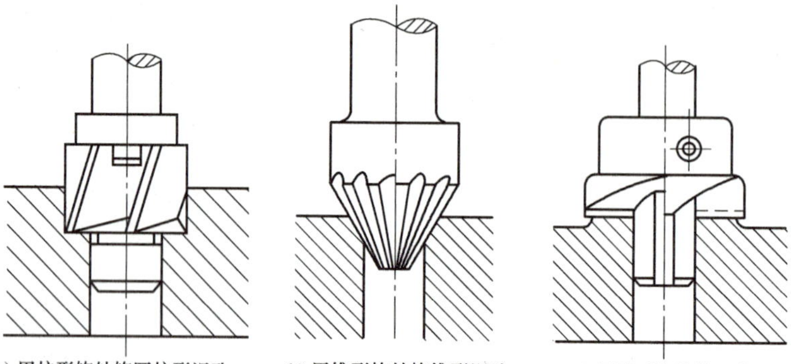

a) 用柱形锪钻锪圆柱形沉孔　b) 用锥形锪钻锪锥形沉孔　c) 用端面锪钻锪凸台平面

图 6-13　锪孔的形式

锪孔时刀具容易产生振动，使所锪出的端面或锥面出现振痕，特别是使用麻花钻改制的锪钻锪孔时，振痕更为严重。为此在锪孔时应注意以下几点：

1）锪孔时的进给量为钻孔的 2~3 倍，切削速度为钻孔的 1/3~1/2。精锪时可利用停机后的主轴惯性来锪孔，以减少振动而获得光滑表面。

2）使用麻花钻改制锪钻时，尽量选用较短的钻头，并适当减小后角和外缘处前角，以防止扎刀和减少振动。

3）锪钢件时，应在导柱和切削表面间加注切削液进行润滑。

铰孔

6.1.4　铰孔

用铰刀从工件孔壁上切除微量金属层，以提高尺寸精度和减小表面粗糙度的方法，称为铰孔。铰刀是精度较高的多刃刀具，具有切削余量小、导向性好、加工精度高等特点。一般尺寸公差等级可达 IT9~IT7，表面粗糙度 *Ra* 值可达 3.2~0.8μm。

1. 铰刀

（1）铰刀的组成　铰刀（以整体式圆柱铰刀为例）由柄部和刀体部分组成，如图 6-14

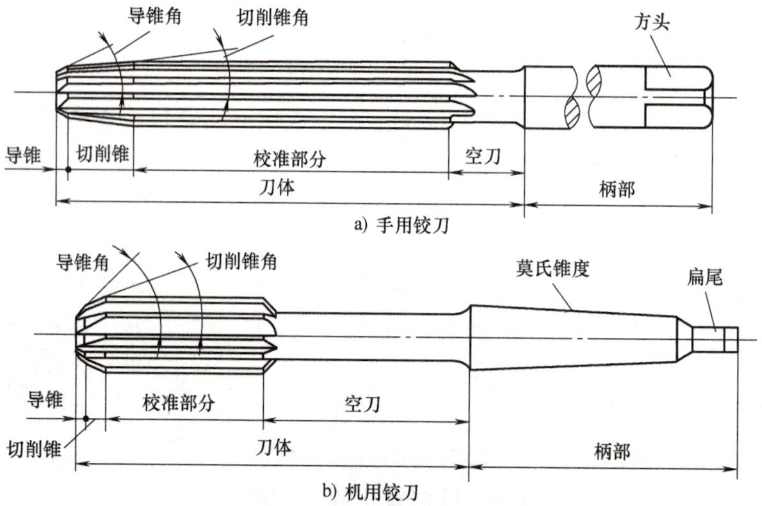

图 6-14　整体式圆柱铰刀

所示。刀体是铰刀的主要工作部分，它包含导锥、切削锥和校准部分。导锥用于铰刀引入孔中，不起切削作用；切削锥承担主要的切削任务；校准部分有圆柱刃带，主要起定向、修光孔壁、保证铰孔直径等作用。为了减小铰刀和孔壁的摩擦，校准部分直径有倒锥度。铰刀齿数一般为 4~8 齿，为测量直径方便，多采用偶数齿。

（2）铰刀的种类　铰刀常用高速工具钢或高碳钢制成，使用范围较广，其分类、结构特点及应用见表 6-2。铰刀的基本类型如图 6-15 所示。

表 6-2　铰刀的分类、结构特点及应用

分类			结构特点及应用
按使用方法	手用铰刀		柄部为方榫形，以便铰杠套入。其工作部分较长，切削锥角较小
	机用铰刀		工作部分较短，切削锥角较大
按结构	整体式圆柱铰刀		用于铰削标准直径系列的孔
	可调式手用铰刀		用于单件生产和修配工作中需要铰削的非标准孔
按外部形状	直槽铰刀		用于铰削普通孔
	锥铰刀	1∶10 锥铰刀	用于铰联轴器上与锥销配合的锥孔
		莫氏锥铰刀	用于铰削 0~6 号莫氏锥孔
		1∶30 锥铰刀	用于铰削套式刀具上的锥孔
		1∶50 锥铰刀	用于铰削圆锥定位销孔
	螺旋槽铰刀		适于铰削有键槽的内孔
按切削部分材料	高速钢铰刀		用于铰削各种碳素钢或合金钢
	硬质合金铰刀		用于高速或硬材料铰削

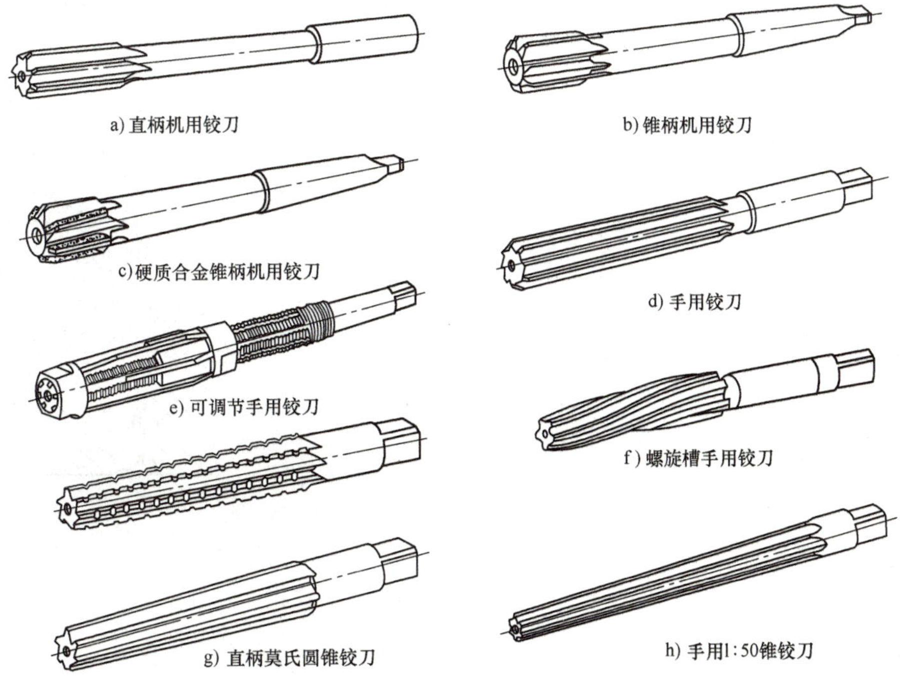

a) 直柄机用铰刀　b) 锥柄机用铰刀　c) 硬质合金锥柄机用铰刀　d) 手用铰刀　e) 可调节手用铰刀　f) 螺旋槽手用铰刀　g) 直柄莫氏圆锥铰刀　h) 手用1∶50锥铰刀

图 6-15　铰刀的基本类型

2. 铰削余量

铰削余量是指上道工序完成后，在直径方向上留下的加工余量。

铰削余量既不能太大也不能太小。余量太大，会使刀齿切削负荷增大、变形增大，使铰出的孔尺寸精度降低，表面粗糙度值增大，同时加剧铰刀磨损。余量太小，上道工序的残留变形难以纠正，原有刀痕不能去除，铰削质量达不到要求。通常应考虑到孔径大小、材料软硬、尺寸精度、表面粗糙度要求、铰刀类型及加工工艺等多种因素进行合理选择。一般粗铰余量为 0. 15~0. 35mm，精铰余量为 0. 1~0. 2mm。

铰削时一般要使用适当的切削液，以减少摩擦、降低工件与刀具温度，防止产生积屑瘤及工件和铰刀的变形或孔径扩大现象。

3. 铰孔的操作要点

1）工件要夹正，两手用力要均衡，铰刀不得摇摆，按顺时针方向扳动铰杠进行铰削，避免在孔口处出现喇叭口或将孔径扩大。

2）手铰时，要变换每次的停歇位置，以消除铰刀常在同一处停歇而造成的振痕。

3）铰孔时，不论进刀还是退刀时都不能反转，以防止铰刀刃口磨钝及切屑卡在刀齿后刀面与孔壁之间，将孔壁划伤。

4）铰削钢件时，要注意经常清除粘在刀齿上的切屑。

5）铰削过程中如果铰刀被卡住，不能用力扳转铰刀，以防损坏；而应取出铰刀，待清除切屑，加注切削液后再进行铰削。

6）机铰时，应使工件一次装夹进行钻、扩、铰，以保证孔的加工位置。铰孔完成后，要等铰刀退出后再停机，以防将孔壁拉出痕迹。

7）铰尺寸较小的圆锥孔时，可先以小端直径按圆柱孔精铰余量钻出底孔，然后用锥铰刀铰削。对尺寸和深度较大的圆锥孔，为减小切削余量，铰孔前可先钻出阶梯孔，如图 6-16 所示；然后再用锥铰刀铰削，铰削过程中要经常用相配的锥销来检查铰孔尺寸，如图 6-17 所示。

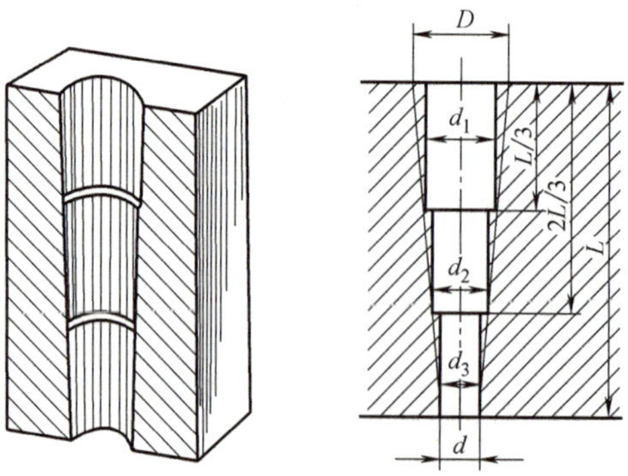

图 6-16　钻阶梯孔

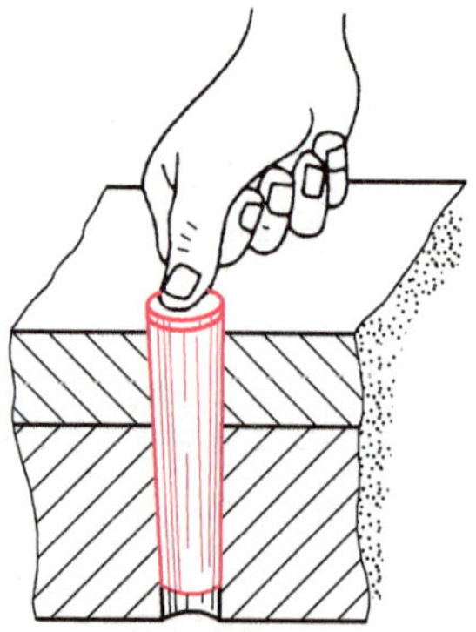

图 6-17　用锥销检查铰孔尺寸

6. 1. 5　孔加工方案及复合刀具

1. 孔加工方案

以上介绍了钳工孔加工的常用方法、原理以及可达到的精度和表面粗糙度。但在实际生产中，要满足孔表面的设计要求，只用一种加工方法一般是达不到的，因此往往采用由几种加工方法顺序组合的形式来满足加工需要，即选用合理的加工方案。

选择孔的加工方案时，一般应考虑工件材料、热处理要求、孔的加工精度和表面粗糙度以及生产条件等因素。孔加工方案选择见表 6-3。

表 6-3　孔加工方案选择

序号	加工方案	公差等级	表面粗糙度 $Ra/\mu m$	使用范围
1	钻	IT12～IT11	12.5	加工未淬火钢、铸铁的实心毛坯及有色金属，孔径小于 20mm
2	钻—铰	IT9～IT8	3.2～1.6	
3	钻—粗铰—精铰	IT8～IT7	1.6～0.8	
4	钻—扩	IT11～IT10	12.5～6.3	加工未淬火钢、铸铁的实心毛坯及有色金属，孔径大于 20mm
5	钻—扩—铰	IT9～IT8	3.2～1.6	
6	钻—扩—粗铰—精铰	IT7	1.6～0.8	
7	钻—扩—机铰—手铰	IT7～IT6	0.4～0.1	

2. 孔加工复合刀具

孔加工复合刀具是由两把或两把以上同类或不同类的孔加工刀具组合成一体，同时或按先后顺序完成不同工步加工的刀具。应用孔加工复合刀具，可以使工序集中，节省基本和辅助时间，各加工表面间的位置精度容易保证，因而可以提高生产率，降低成本。

按工艺类型，孔加工复合刀具可分为同类工艺复合刀具和不同类工艺复合刀具两种，如图 6-18 和图 6-19 所示。

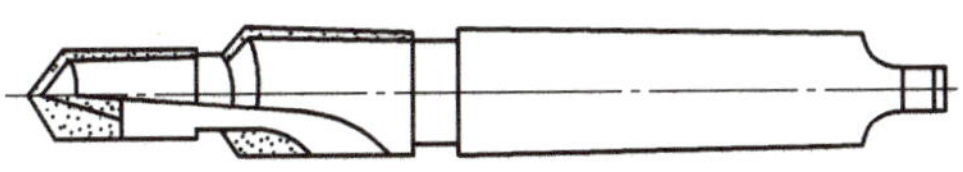

a) 复合钻

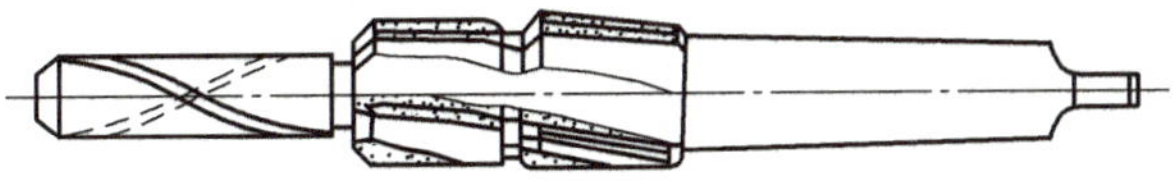

b) 复合扩孔钻

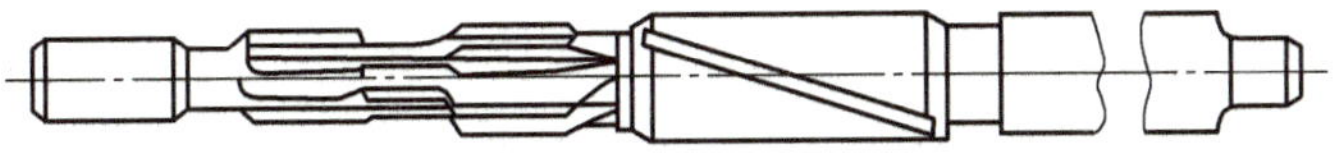

c) 复合铰刀

图 6-18　同类工艺复合刀具

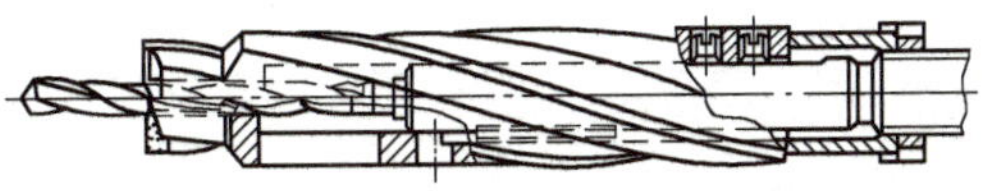

a) 钻—扩复合刀具

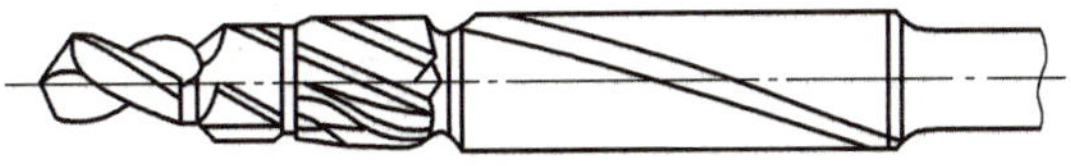

b) 钻—扩—铰复合刀具

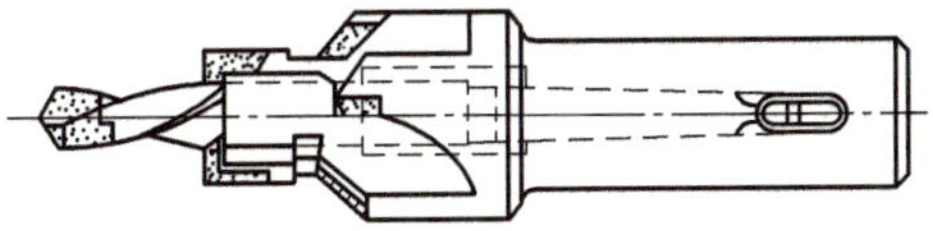

c) 钻—扩—锪复合刀具

图 6-19　不同类工艺复合刀具

6.2　孔加工操作

6.2.1　任务导入

对图 6-20 所示的零件进行钻孔加工。

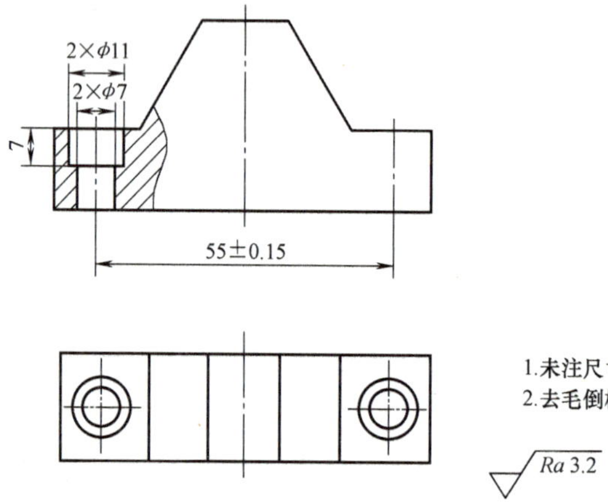

图 6-20　零件图

6.2.2　任务分析

本章节的任务是学习钻孔加工操作，学会按照图样的要求使用台钻完成钻孔加工。

通过整个钻孔加工的实施，学生可学会观察图样，并能进行基本的分析，制订合理的钻孔加工工艺流程；学会运用正确的工具进行正确的操作，能达到技术要求并掌握钻孔操作技能；同时，培养学生自主分析、独立动手的能力，达到预期的教学目的。

1. 零件图分析

从零件图中可以看出，零件为对称结构，在两侧各有一个阶梯孔。阶梯孔的尺寸分别为 ϕ11mm 和 ϕ7mm。ϕ11mm 孔的深度为 7mm，ϕ7mm 孔为通孔。左右两孔的中心距要求较高，为（55±0.15）mm。表面粗糙度为 Ra3.2μm，未注尺寸的极限偏差为±0.1mm。

2. 工作任务

钻孔加工工作任务见表 6-4。

表 6-4　钻孔加工工作任务

序号	具体工作任务
1	2×ϕ7mm 孔
2	2×ϕ11mm 孔，孔深 7mm
3	孔中心距（55±0.15）mm

6.2.3　任务准备

1. 资源要求

1）钳工实训车间（台钻：5 人/台）。

2）工艺装备。

① 工具：ϕ7mm 钻头、ϕ11mm 平底钻头、机用虎钳、扳手、样冲、锤子、划针等。

② 夹具：机用虎钳。

③ 量具：游标卡尺、钢直尺、高度游标卡尺。

2. 材料准备

每名同学备料一块，材料为 HT200。毛坯已完成外形加工，除孔未加工外，其他部分的结构如图 6-20 所示。

6.2.4 任务实施

1. 任务实施步骤

1）在工件上按图样要求进行孔加工前的划线、检验。

2）在孔中心即划线中心打上样冲眼。

3）用机用虎钳装夹工件，保持孔表面水平。

4）用 ϕ7mm 的钻头在工件上钻孔并钻通，保证钻孔过程中孔中心保持竖直方向。

5）用 ϕ11mm 的钻头先扩孔 2～3mm，然后再用 ϕ11mm 的平底钻进行阶梯孔加工，保证孔深尺寸。

6）去除毛刺。

2. 操作要点

1）通过划线钻孔时，应先将钻头对准中心样冲眼钻一浅窝，然后检查钻孔中心是否准确。若有偏心，应重新打一个较大的样冲眼后再钻，以保证钻孔中心的位置精度。

2）手动进给时，进给力不可过大。当孔将要钻穿时，必须减小进给力，以防止折断钻头或使工件转动造成事故。

3）钻阶梯孔时应先用 ϕ11mm 的钻头引入一下，然后再用 ϕ11mm 的平底钻，预防振动。

3. 注意事项

1）在钻削过程中，特别是在钻深孔时，要经常退出钻头以排出切屑和进行冷却，否则可能因切屑堵塞或钻头过热使钻头磨损甚至折断，并影响加工质量。

2）钻削时可以根据情况使用切削液。钻削钢件时常用润滑油或乳化液；钻削铝件时常用乳化液或煤油；钻削铸铁时则用煤油。

6.2.5 任务评价

1. 钻孔加工质量评价（表 6-5）

表 6-5 钻孔加工质量评价

序号	项目	质量检测内容	配分	评分标准	实测结果	得分
1	尺寸	2×ϕ7mm	15	超差 0.01mm 扣 2 分		
		2×ϕ11mm	15	超差 0.01mm 扣 2 分		
2	位置	(55±0.15)mm	15	超差 0.01mm 扣 2 分		
3	表面粗糙度	表面粗糙度符合技术要求	15	酌情扣分		
总得分						

2. 钻孔任务评价（表 6-6）

表 6-6　钻孔任务评价

序号	考核项目	质量检测内容	配分	评分标准	评价结果	得分
1	加工准备（15 分）	工具、量具清单完整	5	缺 1 项扣 1 分		
		工服穿着整洁	5	酌情扣分		
		工具、量具摆放整齐	5	酌情扣分		
2	操作规范（15 分）	钻孔操作正确性	8	酌情扣分		
		量具使用正确性	7	酌情扣分		
3	文明生产（10 分）	操作文明安全，工完场清	10	不符合要求不得分		
4	完成时间			每超过 10min 扣 2 分 超过 30min 不及格		
5	钻孔质量	见表 6-5	60	见表 6-5		
总配分			100	总得分		

工匠故事

马荣：刀尖舞者雕刻人生

马荣，是中国印钞造币总公司技术中心设计雕刻室高级工艺美术师、中国第四代钞票凹版雕刻师，也是我国第一位人民币人像雕刻的女雕刻家。目前流通的 10 元、20 元、50 元、100 元人民币的毛主席头像都是她雕刻的。

她从事钞票原版雕刻创作近 40 年，独立承担高水平钞票原版雕刻，编制了手工雕刻专业和手绘工艺技术教材。她完成了第五套人民币的关键性创作、北京奥运会金银纪念币全球招标设计等重点项目，其科研成果达到国际先进水平，曾受邀赴意大利国际雕刻学院讲学。

思考与练习

1. 钻孔的概念是什么？常用的钻孔设备有哪些？
2. 钻床使用有哪些注意事项？
3. 标准麻花钻由哪几部分组成？钻头的主要角度有哪些？对加工各有哪些影响？
4. 标准麻花钻有哪些缺点？
5. 标准麻花钻修磨的主要部位有哪些？
6. 扩孔的特点及注意事项有哪些？
7. 锪孔时应注意哪些问题？
8. 铰刀由哪几部分组成？各部分都有哪些结构？
9. 铰孔的操作要点有哪些？
10. 孔加工方案如何制订？试举例说明。

模块7

螺纹加工准备及螺纹加工操作

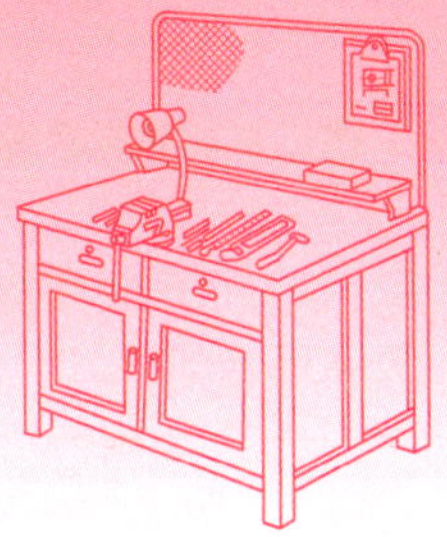

学习目标

1. 熟知螺纹的种类和主要参数。
2. 熟知攻螺纹及套螺纹工具的构造及主要参数。
3. 掌握螺纹底孔直径的确定和加工方法。
4. 掌握攻螺纹的操作方法、注意事项、常见问题及产生原因。
5. 掌握套螺纹前圆杆直径的确定。
6. 掌握套螺纹的操作方法、注意事项、常见问题及产生原因。
7. 培养规范操作和精益求精的职业精神。

螺纹的加工方法有很多，钳工在装配与机修工作中常用的加工方法是攻螺纹和套螺纹。用丝锥在工件孔中切削出内螺纹的加工方法称为攻螺纹；用板牙在圆杆上切出外螺纹的加工方法称为套螺纹。

7.1 螺纹加工准备

7.1.1 螺纹的种类和用途

在圆柱或圆锥表面上，沿着螺旋线所形成的具有规定牙型的连续凸起称为螺纹。如图 7-1 所示，在圆柱或圆锥外表面上所形成的螺纹称为外螺纹；在圆柱或圆锥内表面上所形成的螺纹称为内螺纹。

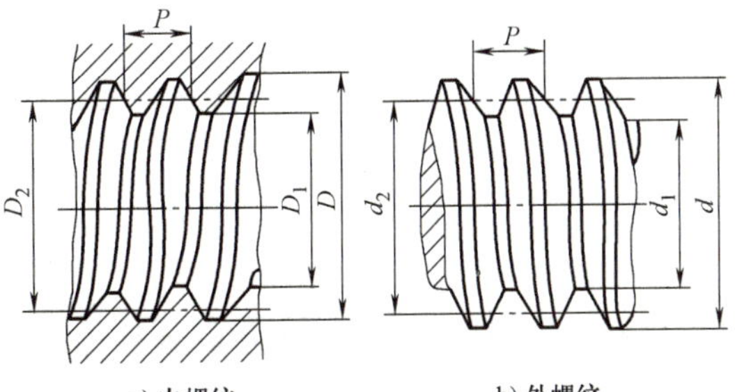

图 7-1 螺纹的类型

1. 螺纹的种类

螺纹的种类很多，有标准螺纹、特殊螺纹和非标准螺纹。钳工加工的螺纹多为三角形螺纹，常用的螺纹分类有以下几种：

(1) 米制螺纹　米制螺纹也叫普通螺纹，螺纹牙型角为60°，分粗牙普通螺纹和细牙普通螺纹两种。粗牙普通螺纹主要用于连接；细牙普通螺纹由于螺距小，螺旋升角小，自锁性好，除用于承受冲击、振动或变载的连接处，还用于调整机构。普通螺纹应用广泛，具体规格参看国家标准。

（2）寸制螺纹　寸制螺纹的牙型角有55°、60°两种，在我国只用于进口设备修配，新产品不使用。

（3）管螺纹　管螺纹是用于管道连接的一种寸制螺纹，管螺纹的公称直径为管子的内径。

（4）圆锥管螺纹　圆锥管螺纹也是用于管道连接的一种寸制螺纹，牙型角有55°和60°两种，锥度为1∶16。

2. 螺纹的用途

常用标准螺纹的种类和用途见表7-1。

表7-1　常用标准螺纹的种类和用途

螺纹类型	名称及代号				用　　途
常用螺纹	三角形螺纹	普通螺纹	粗牙	M16-6g	应用极广，用于各种紧固件连接件
			细牙	M30×2-6g	用于薄壁件连接或受冲击、振动及微调机构
		寸制螺纹	3/16		牙型有55°、60°两种，用于进口设备维修备件
	管螺纹	55°密封管螺纹	圆柱内螺纹	Rp 3/4	用于水、油、气和电线管路系统
			与圆柱内螺纹相配的圆锥外螺纹	R_1 3/4	
			圆锥内螺纹	Rc 1½	适用于高温高压结构的管子、管接头的螺纹密封
			与圆锥内螺纹相配的圆锥外螺纹	R_2 1½	
		60°密封管螺纹	NPT3/8		用于气体或液体管路的螺纹连接
	梯形螺纹		Tr32×6-7H		广泛用于传力或螺旋传动中
	锯齿形螺纹		B70×10		用于单向受力的连接

7.1.2　螺纹的主要参数

1. 螺纹牙型

在通过螺纹轴线的剖面上，螺纹的轮廓形状称为螺纹牙型。按规定削去原始三角形的顶部和底部所形成的内、外螺纹共有部分所形成的理论牙型称为基本牙型，如图7-2所示，基本牙型有三角形、矩形、梯形、锯齿形等。

2. 螺纹大径

螺纹大径（D、d）是代表螺纹公称尺寸的直径，外螺纹是指牙顶的直径，内螺纹是指牙底的直径。

3. 螺纹旋向

螺纹的旋向分左旋和右旋。将螺纹轴线竖直放置，观察螺纹外表面轮廓线，轮廓线向左上方倾斜的为左旋螺纹，向右上方倾斜的为右旋螺纹。螺纹的旋向判别如图7-3所示。常用的螺纹都是右旋螺纹。

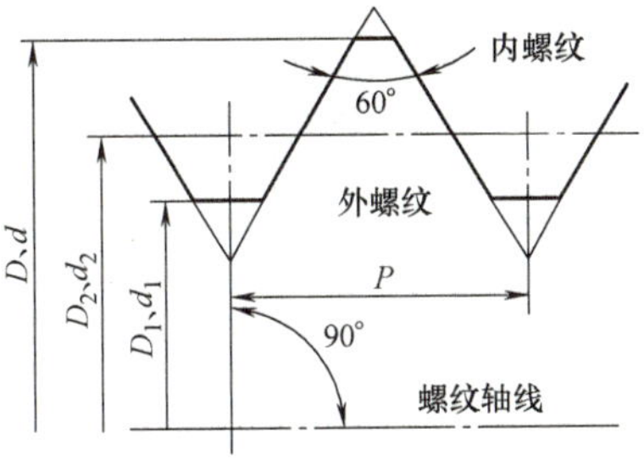

图 7-2 普通螺纹的基本牙型

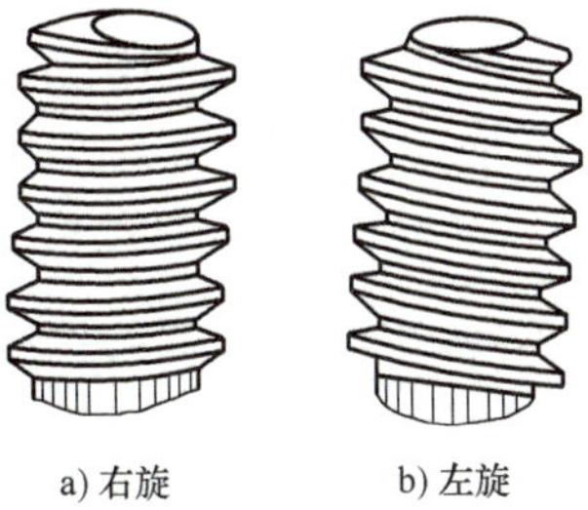

图 7-3 螺纹的旋向判别

4. 螺纹线数

螺纹线数是指在同一圆柱面上切削螺纹的条数。只切削一条的称为单线螺纹；切削两条的称为双线螺纹。通常把切削两条以上的称为多线螺纹。

5. 螺距和导程

相邻两牙在相同点上所对应的轴向距离称为螺距。导程为同一条螺旋线上相邻两牙对应两点间的距离。单线螺纹螺距和导程相同；多线螺纹的螺距等于导程除以线数。

螺纹的牙型、大径和螺距称为螺纹三要素，凡三要素符合标准的螺纹称为标准螺纹。凡螺纹的线数和旋向没有特别注明，则都是单线右旋螺纹。

6. 螺纹旋合长度

两个相互配合的螺纹沿螺纹轴线方向相互旋合部分的长度，称为螺纹旋合长度。

7. 螺纹标记

螺纹标记主要由螺纹特征代号、尺寸代号、公差带代号、螺纹旋合长度代号和旋向代号等组成。普通螺纹的特征代号用字母“M”表示；尺寸代号为“公称直径×螺距”（粗牙可省略标注螺距项）；公差带代号包含中径公差带代号和顶径公差带代号；对旋合长度为短组和长组螺纹，宜在公差带代号后分别标注“S”和“L”代号；当螺纹为左旋时，在螺纹标记的最后加“LH”，螺纹为右旋时，不标注。如 M20 表示公称直径为 20mm 的右旋粗牙普通螺纹，螺纹旋合长度为中等组。M20×1.5-5h6h-S-LH 表示公称直径为 20mm、螺距为 1.5mm 的左旋细牙普通外螺纹，中径公差带代号为 5h，大径公差带代号为 6h，螺纹旋合长度为短组。

7.1.3 攻螺纹的工具

1. 丝锥

丝锥是加工内螺纹的刀具，它分手用丝锥和机用丝锥两种。按其牙型可分为普通螺纹丝锥、圆柱管螺纹丝锥和圆锥螺纹丝锥等。普通螺纹丝锥又有粗牙和细牙、左旋和右旋之分等。

手用丝锥一般用碳素工具钢或合金工具钢经热处理淬硬后制成，机用丝锥通常用高速工具钢制成。

（1）丝锥的构造　丝锥的结构如图 7-4 所示，由工作部分和柄部等组成，工作部分又包括切削部分和校准部分。

丝锥沿轴向开有几条容屑槽，以形成切削部分锋利的切削刃，起切削作用。丝锥切削部分前角 $\gamma_o=8°\sim10°$，后角铲磨成 $\alpha_o=6°\sim8°$，前端磨出切削锥角，切削负荷分布在几个刀齿上，使切削省力，便于切入。丝锥校准部分有完整的牙型，用来修光和校准已切出的螺纹，并引导丝锥沿轴向前进。其后角 $\alpha_o=0°$。

为了适应不同工件材料，丝锥切削部分前角可按表 7-2 适当增减。

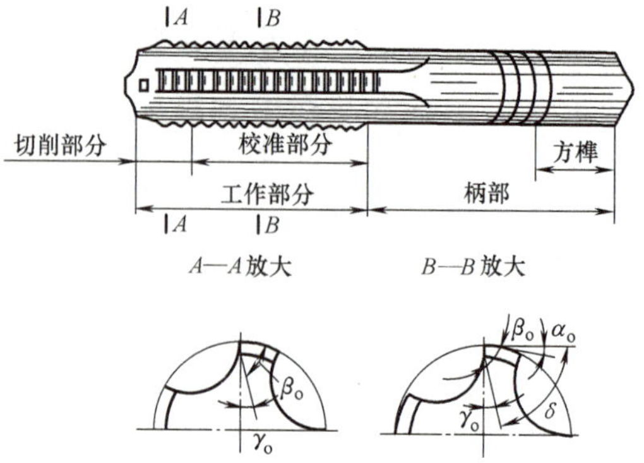

图 7-4 丝锥的构造

表 7-2 丝锥前角的选择

被加工材料	铸青铜	铸铁	硬钢	黄铜	中碳钢	低碳钢	不锈钢	铝合金
前角	0°	5°	5°	10°	10°	15°	15°~20°	20°~30°

丝锥的校准部分也称定径部分，用来确定螺孔的直径及修光螺纹，并引导丝锥沿轴向前进，是丝锥的备磨部分，其后角 $\alpha_o=0°$。为了减少所攻螺纹的扩张量和校准部分与螺孔的摩擦，校准部分的大径、中径、小径均有 (0.05~0.12)/100 的倒锥。

丝锥的柄部做成方榫结构，用以夹持和传递转矩。丝锥的规格标志也刻印在柄部。

（2）成组丝锥切削用量 为了减少切削力和延长使用寿命，一般将整个切削工作量分配给几支丝锥来担当。通常 M6~M24 的丝锥及细牙螺纹丝锥为每组有两支；M6 以下及 M24 以上的丝锥每组有三支；在成组丝锥中，每支丝锥的切削用量分配有以下两种方式：

1）锥形分配。如图 7-5a 所示，一组丝锥中，每支丝锥的大径、中径、小径都相等，只是切削部分的切削锥角及长度不等。锥形分配切削量的丝锥也叫等径丝锥。当攻制通孔螺纹时，用初锥一次切削即可加工完毕，中锥、底锥则很少使用。一般 M12 以下的丝锥采用锥形分配。一组丝锥中，每支丝锥磨损很不均匀。由于初锥能一次攻削成形，切削厚度大，切屑变形严重，加工表面表面粗糙度值大。

2）柱形分配。如图 7-5b 所示，柱形分配切削量的丝锥也叫不等径丝锥，即第一粗锥、

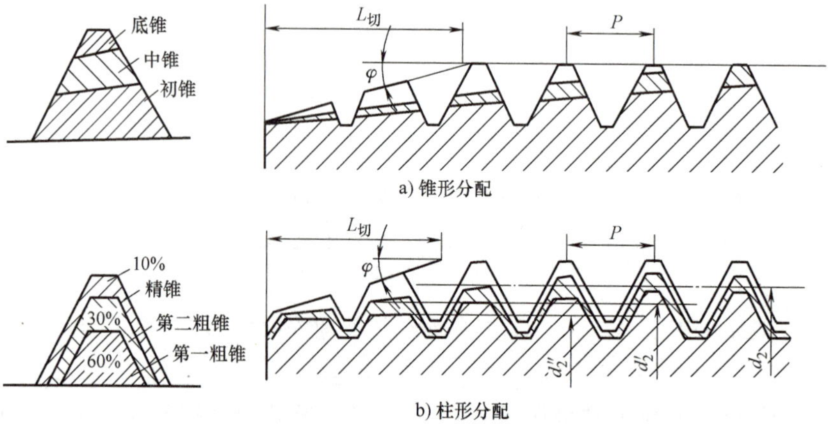

图 7-5 丝锥的构造

第二粗锥的大径、中径、小径都比精锥小。这种丝锥的切削量分配比较合理，三支一套的丝锥按 6∶3∶1 分担切削量，两支一套的丝锥按 7.5∶2.5 分担切削量，切削省力，各锥磨损量差别小，使用寿命较长。由于螺纹孔径多次切削成形，切削厚度小，切屑变形量也小，因此加工表面的表面粗糙度值较小。一般 M12 以上的丝锥多属于这一种。

2. 铰杠

铰杠是手动攻螺纹时用来夹持丝锥的工具。铰杠有普通铰杠和丁字铰杠两种。

普通铰杠有固定铰杠和活铰杠两种。固定铰杠的结构如图 7-6a 所示，铰杠的方孔尺寸和柄长与丝锥直径成比例关系，使丝锥的受力不会过大，丝锥不易被折断，一般用于攻 M5 以下的螺纹孔；活铰杠的结构如图 7-6b 所示，活铰杠可以调整方孔尺寸，应用范围较广。活铰杠有 150~600mm 六种规格，其适用范围见表 7-3。

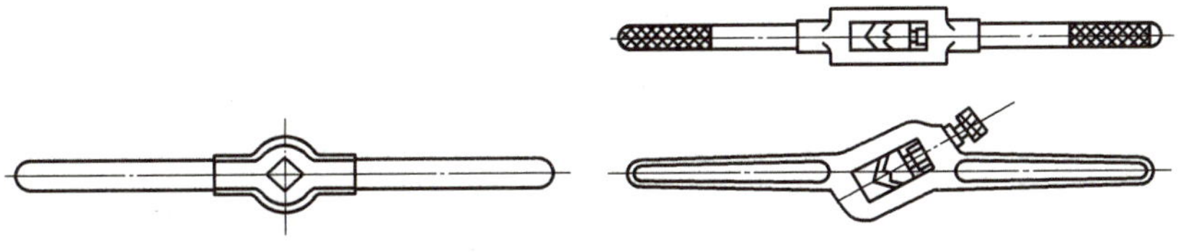

a) 固定铰杠　　b) 活铰杠

图 7-6　普通铰杠

表 7-3　活铰杠的适用范围

活铰杠规格/mm	150	230	280	380	580	600
适用的丝锥范围	M5~M8	M8~M12	M12~M14	M14~M16	M16~M22	M24 以上

丁字铰杠配有一个较长的垂直扭杆，如图 7-7 所示，它适用于攻制带有台阶的螺纹孔或攻制机体内部位置比较深的螺纹孔。丁字铰杠也分为固定铰杠和活铰杠。小型丁字活铰杠是一个可调节的四爪弹簧夹头，一般用于装 M6 以下的丝锥。大尺寸的丁字铰杠一般都是固定式的，它通常按实际需要定制。

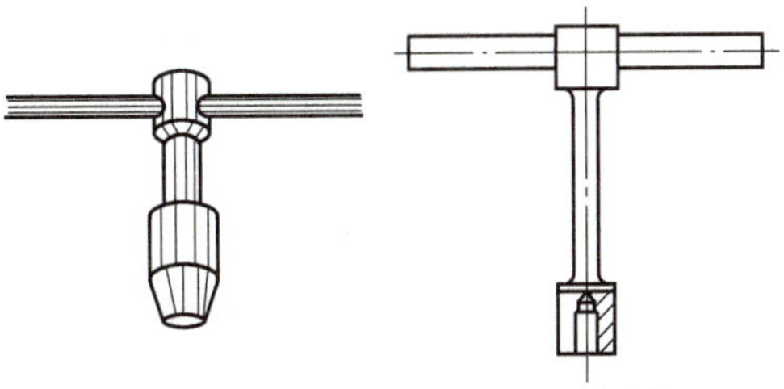

a) 活铰杠　　b) 固定铰杠

图 7-7　丁字铰杠

7.1.4　螺纹底孔直径的确定和加工

1. 不同材料对螺纹底孔直径的影响

丝锥切削内螺纹时，会对材料产生挤压作用，塑性材料和脆性材料挤压后的现象是不一样的，因此，同样直径的螺纹需要钻的底孔直径大小也是不同的。塑性材料的底孔直径必须大于螺纹标准规定的螺纹小径，这样攻螺纹时，挤压出的金属就能填满螺纹槽，形成完整的螺纹；脆性材料攻螺纹时，金属不会被挤出，因此底孔直径要比塑性材料的底孔小一些，否则，螺纹高度不够，会影响螺纹的强度。

2. 螺纹底孔直径的确定

螺纹已经标准化了，只需根据工件的材料和螺距的大小查表7-4，即可确定螺纹底孔直径。

表7-4　常用的粗牙、细牙普通螺纹底孔用钻头直径　　（单位：mm）

螺纹直径 D	螺距 P	钻头直径 D_Z		螺纹直径 D	螺距 P	钻头直径 D_Z	
		灰铸铁、青铜、黄铜	钢、可锻铸铁、纯铜			灰铸铁、青铜、黄铜	钢、可锻铸铁、纯铜
2	0.4	1.6	1.6	12	1.75	10.1	10.2
	0.25	1.75	1.75		1.5	10.4	10.5
3	0.5	2.5	2.5		1.25	10.6	10.7
	0.35	2.65	2.65		1	10.9	11
4	0.7	3.3	3.3	14	2	11.8	12
	0.5	3.5	3.5		1.5	12.4	12.5
5	0.8	4.1	4.2		1	12.9	13
	0.5	4.5	4.5	16	2	13.8	14
6	1	4.9	5		1.5	14.4	14.5
	0.75	5.2	5.2		1	14.9	15
8	1.25	6.6	6.7	18	2.5	15.3	15.5
	1	6.9	7		2	15.8	16
	0.75	7.1	7.2		1	16.9	17
10	1.5	8.4	8.5	20	2.5	17.3	17.5
	1.25	8.6	8.7		2	17.8	18
	1	8.9	9		1.5	18.4	18.5
	0.75	9.1	9.2		1	18.9	19

3. 加工螺纹底孔的要求

1）螺纹底孔直径公差应符合国家标准。

2）底孔的表面粗糙度 Ra 值应小于6.3μm。

3）底孔的中心线应垂直于零件端面及轴线。

4）底孔孔口应倒角。

5）攻不通螺纹底孔时，底孔深度要大于需要的螺纹深度。其深度计算公式为

$$H_{钻}=h_{有效}+0.7D$$

式中　$H_{钻}$——底孔深度（mm）；

$h_{有效}$——螺纹有效深度（mm）；

D——螺纹大径（mm）。

7.1.5　攻螺纹操作

攻螺纹

1. 手动攻螺纹

手动攻螺纹因为操作方便、灵活，适应各种工作条件，因此在钳工生产与维修中得到了广泛的应用。

手动攻螺纹时应注意以下事项：

1）装夹工件时，应尽量使底孔轴线处于铅垂或水平位置，以便在攻螺纹过程中，随时判断丝锥的行进方向，避免丝锥跑偏。

2）攻螺纹前，应先在底孔孔口处倒角，以利于丝锥进入。

3）丝锥刚开始进入最为关键，如图 7-8a 所示，要尽量将丝锥放正，然后对丝锥施加适当压力和扭力，当丝锥切入 1~2 圈时，要仔细观察和校正丝锥的轴线方向，重要的螺纹孔要用直角尺在丝锥的两个相互垂直的平面内测量，以保证丝锥的行进方向正确，如图 7-8b 所示。

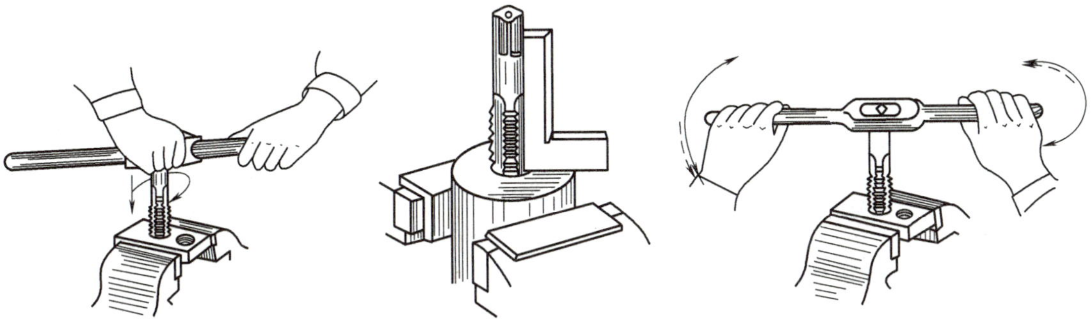

a) 起始方法　　b) 检查方法　　c) 攻制过程

图 7-8　攻螺纹的方法

4）当丝锥旋入 3~4 圈后，检查、校准丝锥的位置正确无误后，如图 7-8c 所示，只需继续转动铰杠，丝锥则自然攻入工件。此时要注意，不能再对丝锥施加向下的压力，否则螺纹牙型将被破坏。

5）在后继攻螺纹过程中，丝锥每转 1/2 圈至 1 圈时，丝锥就要倒转 1/2 圈，目的是将切屑切断并挤出。尤其是攻螺纹较深时，更要勤向后转，以利排屑。

6）在攻螺纹中，若感到很费力，切不可强行转动，可用中锥与初锥交替进行攻螺纹。有时攻螺纹攻到中途，丝锥无法进退，这时应设法用小钢丝和压缩空气将切屑清除并加上润滑油，可将铰杠降至孔口处将丝锥夹住，小心地退出丝锥。

7）当要更换一只丝锥时，一定要用手先将丝锥旋入至不能再旋入时，再改用铰杠夹持继续工作，这样可避免因施加丝锥上的压力不均匀或晃动而乱牙。

8）在塑性材料上攻螺纹时，要加机油或切削液润滑，以改善螺纹孔表面的加工质量，减小切削阻力，延长丝锥的使用寿命。

2. 断锥后的处理

攻螺纹时，若丝锥断裂在螺孔中，可用以下方法取出：

1）首先把孔中的切屑清除干净，以免阻碍断丝锥取出。

2）若丝锥在孔口或靠近孔口处断裂，可用狭錾或冲头等抵到断丝锥的一侧容屑槽中，顺着退出的切线方向轻轻敲击，必要时，再向逆方向敲击，这样反、正方向交替敲击，便可松动断裂的丝锥，将断丝锥退出。

3）若丝锥在孔口内断裂，可以用带方榫的废丝锥拧上两个螺母，用适当粗的数条钢丝穿过螺母，插入断丝锥的容屑槽中，然后用扳手按退出方向拧动方榫，即可将断丝锥退出。

4）若断丝锥露在孔外，可焊一六角螺母，用扳手拧动螺母便可旋出断丝锥。

3. 丝锥的修磨

当丝锥切削部分磨损或切削刃崩牙时，应刃磨后再使用。先将损坏部分磨掉，再磨出后角，如图7-9所示，要把丝锥竖起来刃磨，手的转动要平稳、均匀。刃磨后的丝锥，各对应处的锥角大小要相等，切削部分长度要一致。

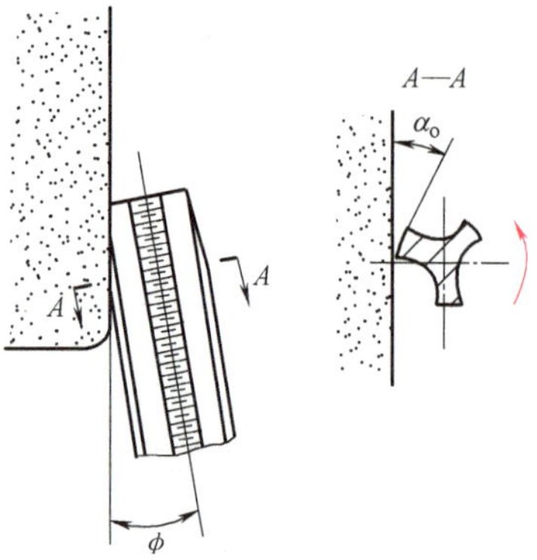

图 7-9 修磨丝锥后刀面

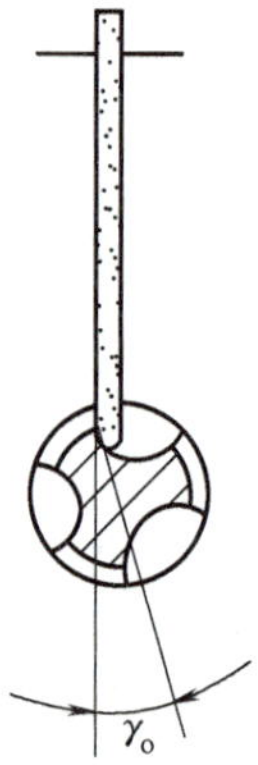

图 7-10 修磨丝锥前刀面

当丝锥校准部分磨损时，可刃磨前刀面使刃口锋利，如图7-10所示，刃磨时，丝锥在棱角修圆的片状砂轮上做轴向运动，整个前刀面要均匀磨削，并控制好角度。注意冷却，防止丝锥刃口退火。

7.1.6 攻螺纹的常见问题及其产生原因（表7-5）

表 7-5 攻螺纹的常见问题及其产生原因

常见问题	产生原因
乱牙	1)螺纹底孔直径太小,丝锥不易切入,使孔口乱牙 2)换用中锥、底锥时,与已切出的螺纹没有旋合好就强行攻削 3)对塑性材料未加切削液或丝锥不经常倒转,而把已切出的螺纹啃伤 4)初锥攻螺纹不正,用中锥、底锥时强行纠正 5)丝锥磨钝或切削刃有粘屑 6)丝锥铰杠掌握不稳,攻铝合金等强度较低的材料时,容易被切烂牙
滑牙	1)攻不通孔时,丝锥已到底仍继续扳转 2)在强度较低的材料上攻较小螺纹时,丝锥已切出螺纹仍继续加压,或攻完退出时用铰杠转出
螺孔攻歪	1)丝锥位置不正 2)机攻时丝锥与螺孔轴线不同轴
螺纹牙深不够	1)攻螺纹前底孔直径太大 2)丝锥磨损
丝锥崩牙或折断	1)工件材料中夹有硬物等杂质 2)断屑排屑不良,产生切屑堵塞现象 3)丝锥位置不正,单边受力太大或强行纠正 4)两手用力不均 5)丝锥磨钝,切削阻力太大 6)底孔直径太小 7)攻不通孔螺纹时丝锥已到底仍继续扳转 8)攻螺纹时用力过猛

7.1.7 套螺纹的工具

套螺纹的工具有板牙和板牙架。

1. 板牙

板牙是加工外螺纹的工具，由切削部分、校准部分和排屑孔组成。如图 7-11 所示，板牙的外形像一个圆螺母。

（1）切削部分　切削部分在板牙两端，都有切削锥，可以两面使用。切削锥不是圆锥面，而是经过铲磨而成的阿基米德螺旋面，能形成后角 $\alpha_o=7°\sim9°$。板牙锥角的大小一般是 $2\phi=40°\sim50°$。板牙前角数值沿切削刃变化，小径处的前角 γ_d 最大，大径处的前角 γ_{do} 最小，如图 7-12 所示，一般 $\gamma_{do}=8°\sim12°$，粗牙 $\gamma_d=30°\sim35°$，细牙 $\gamma_d=25°\sim30°$。

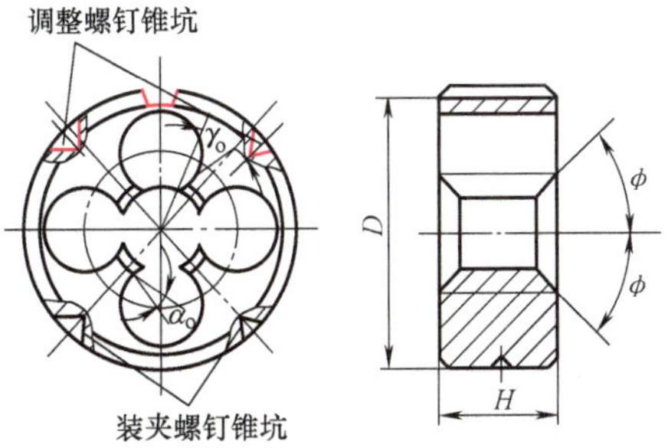

图 7-11　圆板牙

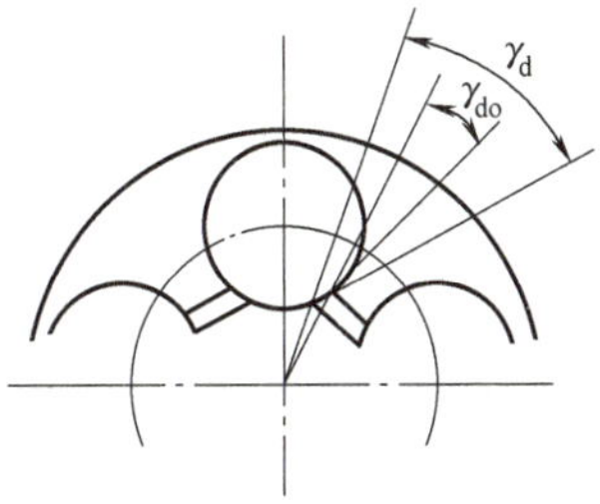

图 7-12　圆板牙前角变化

板牙由碳素工具钢或高速工具钢制作并经淬火处理制成。

（2）校准部分　板牙的校准部分起修光和导向作用。校准部分会因为磨损使螺纹尺寸变大，超出尺寸公差范围。因此，如图 7-11 所示，M3.5 以上的圆板牙外圆上有一条 V 形槽和四个紧定螺钉锥孔，其中，上面两个紧定螺钉孔的轴线不通过板牙的轴线，有一定的向下偏移，是起调节作用的。当板牙的校准部分由于磨损而尺寸变大时，可将板牙沿 V 形槽用锯片砂轮切割出一条通槽，用板牙架上的两个调整螺钉顶入板牙上面的两个偏心的锥孔内，使圆板牙的尺寸缩小。下面两个紧定螺钉孔的轴线通过板牙的轴线，是用来将圆板牙固定在板牙架中用来传递力矩的。

（3）排屑孔　如图 7-11 所示，在板牙上面钻有几个排屑孔用于排屑。

圆柱管螺纹板牙与普通螺纹板牙相似，只是单面有切削锥。圆锥螺纹的板牙工作时，所有切削刃都参加切削，切削费力，因其切削的轴向长度影响锥螺纹的尺寸，所以套圆锥螺纹时，要经常检查已攻螺纹的轴向长度，只要相配件旋入后满足要求即可，不能太长。

2. 板牙架

板牙架是装夹板牙的工具，如图 7-13 所示，在板牙架的侧面有紧定螺钉，用于固定板牙。板牙架的规格与丝锥的铰杠类似，依据不同的板牙外径，配有长度不同的板牙架。

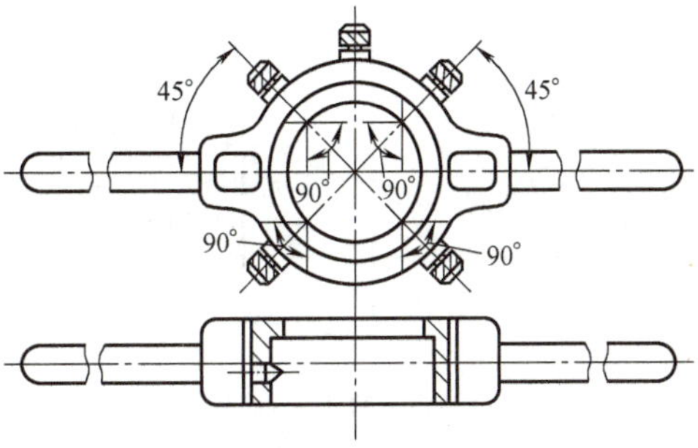

图 7-13　板牙架

7.1.8　套螺纹前圆杆直径的确定和套螺纹的方法及注意事项

1. 套螺纹前圆杆直径的确定

套螺纹与攻螺纹的切削过程相同，因此，套螺纹前的圆杆直径应稍小于螺纹大径的尺寸。螺纹已经标准化了，只需根据螺纹的公称直径和螺距的大小查表 7-6，即可确定螺纹圆杆的直径。

表 7-6　板牙套螺纹时圆杆的直径

粗牙普通螺纹				英制螺纹		
螺纹直径/mm	螺距/mm	螺杆直径/mm		螺纹直径/in	螺杆直径/mm	
		最小直径	最大直径		最小直径	最大直径
M6	1	5.8	5.9	1/4	5.9	6
M8	1.25	7.8	7.9	5/16	7.4	7.6
M10	1.5	9.75	9.85	3/8	9	9.2
M12	1.75	11.75	11.9	1/2	12	12.2
M14	2	13.7	13.85	—	—	—
M16	2	15.7	15.85	5/8	15.2	15.4
M18	2.5	17.7	17.85	—	—	—
M20	2.5	19.7	19.85	3/4	18.3	18.5
M22	2.5	21.7	21.85	7/8	21.4	21.6
M24	3	23.65	23.8	1	24.5	24.8

2. 套螺纹的方法及注意事项

套螺纹前，如图 7-14a 所示，圆杆端部应倒锥角形成圆锥体，最小直径要小于螺纹小径，以便板牙切入，要求螺纹端部不出现锋利的端口。圆杆应衬木板或其他软垫，在台虎钳中夹紧。套螺纹部分伸出应尽量短，其圆杆最好沿铅垂方向放置。

套螺纹开始时，如图 7-14b 所示，要将板牙放正，其轴线应与圆杆轴线重合，然后转动板牙架并施加轴向力，压力要均匀，转动要慢，同时，要在圆杆的前、后、左、右方向观察板牙是否歪斜。待板牙旋入工件切出螺纹时，只需转动板牙架，不施加压力。为了断屑，板牙转动一圈左右要倒转 1/2 圈进行排屑。

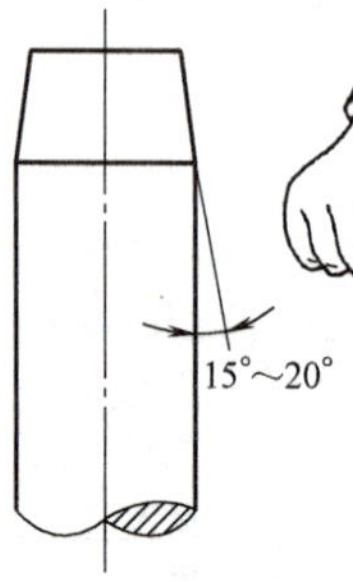

a) 圆杆端部倒角

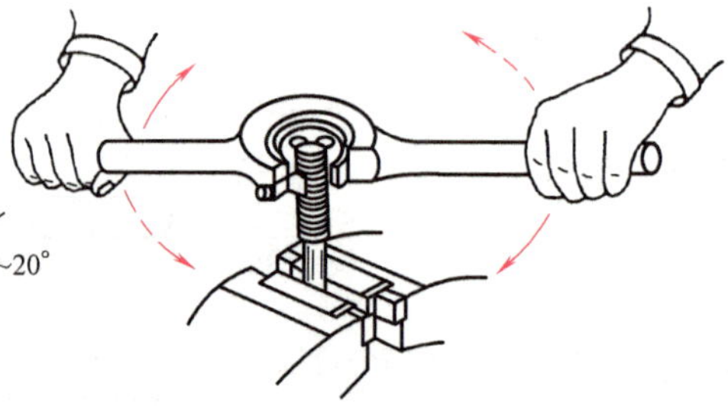

b) 用力方法

图 7-14　套螺纹的方法

在钢件上套螺纹要加切削液，以保证螺纹质量，延长板牙的使用寿命，使切削省力。

7.1.9　套螺纹的常见问题及其产生原因（表 7-7）

表 7-7　套螺纹的常见问题及其产生原因

常见问题	产生原因
乱牙	1)圆杆直径太大 2)板牙磨钝 3)板牙没有经常倒转,切屑堵塞把螺纹啃坏 4)铰杠掌握不稳,板牙左右摇摆 5)板牙歪斜太多而强行修正 6)板牙切削刃上粘有切削瘤 7)没有选用合适的切削液
螺纹歪斜	1)圆杆端面倒角不好,板牙位置难以放正 2)两手用力不均匀,铰杠歪斜
螺纹牙深不够	1)圆杆直径太小 2)板牙 V 形槽调节不当,直径太大

7.2　螺纹加工操作

7.2.1　任务导入

加工图 7-15 所示的螺纹。

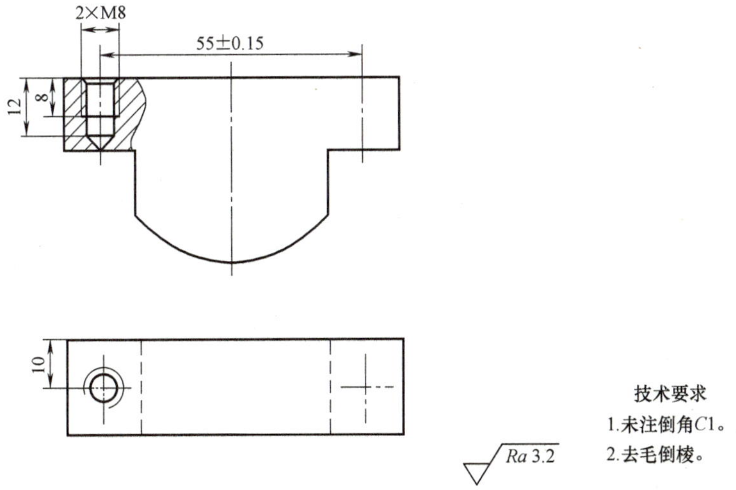

图 7-15　零件图

7.2.2　任务分析

本章节的任务主要是学习螺纹加工技能，练习攻螺纹时保证丝锥和大平面垂直度要求的方法。同时，学习计算螺纹底孔直径和深度的方法。通过本任务的学习和训练以及整个攻螺纹操作的实施，学生可学会观察图样，并能进行基本的分析，制订合理的划线工艺流程；学会运用正确的工具进行正确的操作，能达到技术要求并掌握螺纹加工技能；同时，培养学生自主分析、独立动手的能力，达到预期的教学目的。

1. 零件图分析

从零件图中可以看出，该螺纹为不通孔螺纹，形状为普通三角形内螺纹。螺纹尺寸为M8，两个螺纹孔中心的间距为（55±0.15）mm。

2. 工作任务

攻螺纹工作任务见表7-8。

表7-8　攻螺纹工作任务

序号	具体工作任务
1	加工2×M8mm螺纹
2	孔口倒角

7.2.3 任务准备

1. 资源要求

1）钳工实训中心（钳工工作台：1人/台）。

2）工艺装备。

① 工具：M8丝锥、铰杠、划针。

② 量具：钢直尺、高度游标卡尺、游标卡尺、刀口形直尺和直角尺。

2. 材料准备

每名同学备料一块，材料为HT200。

7.2.4 任务实施

1. 任务实施步骤

1）划线：以底面上长度和宽度为基准，划出M8的螺纹加工线。

2）打样冲眼：用样冲在划出的两个M8螺纹中心线上打样冲眼。

3）钻孔：用ϕ6.6mm的钻头在工件底面上两个M8螺纹中心线上钻底孔。控制中心距为（55±0.15）mm，控制钻孔深度为12mm。

4）倒角：在钻孔的孔口进行倒角，具体为$C1$，以利于丝锥的定位和切入。

5）攻螺纹：用M8丝锥在底孔上攻出两个M8螺纹。

6）修毛刺，清洁。

2. 操作要点

1）攻螺纹前螺纹底孔口要倒角，通孔螺纹两端孔口都要倒角。这样可使丝锥容易切入，并防止攻螺纹后孔口的螺纹崩裂。

2）攻螺纹前，工件的装夹位置要正确，应尽量使螺纹孔轴线位于水平或垂直位置，其目的是攻螺纹时便于判断丝锥是否垂直于工件平面。

3）开始攻螺纹时，应把丝锥放正，用右手掌按住铰杠中部沿丝锥中心线用力加压，此时左手配合做顺向旋进；或两手握住铰杠两端平衡施加压力，并将丝锥顺向旋进，保持丝锥轴线与孔轴线重合，不能歪斜。当切削部分切入工件 1~2 圈时，用目测或用直角尺检查和校正丝锥的位置。当切削部分全部切入工件时，应停止对丝锥施加压力，只需平稳地转动铰杠，靠丝锥上的螺纹自然旋进。

4）为了避免切屑过长咬住丝锥，攻螺纹时应经常将丝锥反方向转动 1/2 圈左右，使切屑碎断后容易排出。

5）攻不通孔螺纹时，要经常退出丝锥，排除孔中的切屑。当将要攻到孔底时，更应及时排出孔底积屑，以免攻到孔底丝锥被轧住。

6）退出丝锥时，应先用铰杠带动螺纹平稳地反向转动，当能用手直接旋动丝锥时，应停止使用铰杠，以防铰杠带动丝锥退出时产生摇摆和振动，影响螺纹表面质量。

7）在攻螺纹过程中，换用另一支丝锥时，应先用手握住丝锥使其旋入已攻出的螺纹孔中，直到用手旋不动时，再用铰杠进行攻螺纹。

8）攻塑性材料的螺纹时，要加切削液。一般用润滑油或浓度较大的乳化液，要求高的螺孔也可用植物油或二硫化钼等。

3. 注意事项

1）认真检查底孔，选择合适的底孔钻头将孔扩大后再攻螺纹。

2）先用手将中锥旋入螺孔内，使初锥、中锥的轴线重合。

3）保证丝锥与底孔的轴线一致，操作中两手用力均衡，偏斜太多不要强行借正。

4）应准确选用切削液。

5）起削时要使丝锥与工件端平面垂直，要注意检查与校正。

6）攻螺纹前注意检查底孔，如砂眼太大不宜攻螺纹。

7）要始终保持两手用力均衡，不要摆动。

8）要正确计算与选择攻螺纹底孔直径与钻头直径。

7.2.5　任务评价

1. 螺纹加工质量评价（表 7-9）

表 7-9　螺纹加工质量评价

序号	项目	质量检测内容	配分	评分标准	实测结果	得分
1	尺寸	2×M8	20	酌情扣分		
		倒角 $C1$	15	酌情扣分		
		(55±0.15)mm	15	酌情扣分		
2	表面粗糙度	表面粗糙度符合技术要求	10	酌情扣分		
总得分						

2. 螺纹加工任务评价（表 7-10）

表 7-10　螺纹加工任务评价

序号	考核项目	质量检测内容	配分	评分标准	评价结果	得分
1	加工准备（15 分）	工具、量具清单完整	5	缺 1 项扣 1 分		
		工服穿着整洁	5	酌情扣分		
		工具、量具摆放整齐	5	酌情扣分		

（续）

序号	考核项目	质量检测内容	配分	评分标准	评价结果	得分
2	操作规范（15分）	起攻操作正确性	8	酌情扣分		
		攻螺纹操作正确性	7	酌情扣分		
3	文明生产（10分）	操作文明安全，工完场清	10	不符合要求不得分		
4	完成时间			每超过10min扣2分 超过30min不及格		
5	螺纹质量	见表7-9	60	见表7-9		
总配分			100	总得分		

工匠故事

张冬伟：LNG船上“缝”钢板

张冬伟，1981年12月出生，上海人，大专学历，沪东中华造船（集团）有限公司总装二部维护系统车间电焊二组班组长，高级技师，主要从事LNG（液化天然气）船的围护系统二氧化碳焊接和氩弧焊焊接工作。

张冬伟刻苦钻研船舶建造技术，潜心传承工匠精神，成为公司高端产品LNG船及当今世界最先进、建造难度最大的45000吨集装箱滚装船的建造骨干工人，蓝领精英。他用自己火红的青春谱写了一曲执着于国家海洋装备建设的奉献之歌。

思考与练习

1. 螺纹的种类及主要参数是什么？
2. 攻螺纹的工具有哪些？丝锥的结构和主要参数是什么？
3. 不同材料对螺纹底孔直径有何影响？
4. 加工螺纹底孔有什么要求？
5. 手动攻螺纹有哪些注意事项？
6. 丝锥断锥后如何处理？
7. 丝锥可否修磨？如何进行修磨？
8. 攻螺纹有哪些常见问题？产生原因是什么？
9. 套螺纹的工具有哪些？板牙由哪几部分组成？
10. 套螺纹前圆杆直径如何确定？
11. 套螺纹有哪些注意事项？
12. 套螺纹有哪些常见问题？产生原因是什么？

模块8
刮削准备及刮削操作

学习目标

1. 熟知刮削加工的原理、特点及应用场合。
2. 掌握刮削用量的选用原则。
3. 熟知平面刮削及曲面刮削的步骤及方法。
4. 掌握刮削工具的使用方法。
5. 熟知刮削质量检验的方法和常见问题产生的原因。
6. 培养规范操作和精益求精的职业精神。

8.1 刮削准备

刮削

8.1.1 刮削概述

用刮刀刮除工件表面薄层的加工方法叫刮削。

1. 刮削原理

刮削是将工件与校准工具或与其相配合的工件之间涂上一层显示剂，经过对研，使工件上较高的部位显示出来，然后用刮刀进行微量刮削，刮去较高的金属层；刮削的同时，刮刀对工件还有推挤和压光的作用，这样反复地显示和刮削，就能使工件的加工精度达到预定的要求。

2. 刮削的特点及应用

刮削具有切削量小、切削力小、产生热量少、装夹变形小等特点，不存在车、铣、刨等机械加工中不可避免的振动、热变形等因素，所以能获得很高的尺寸精度、几何精度、接触精度、传动精度和很小的表面粗糙度值。

在刮削过程中，由于工件多次受到刮刀的推挤和压光作用，从而使工件表面组织变得比原来紧密，表面粗精度值很小。刮削后的工件表面，还能形成比较均匀的微浅凹坑，可创造良好的存油条件，改善了相对运动零件之间的润滑情况。因此，机床导轨、与滑行面和滑动轴承接触的面、工具量具的接触面及密封表面等，在机床上加工之后通常用刮削方法进行加工。

刮削虽然有很多优点，但是生产效率较低。在某些需要高效率生产的场合，大都采用了以磨代刮的新工艺。但是目前刮削工艺在很多场合还是必不可少的工艺环节。

3. 刮削余量

由于刮削每次只能刮去很薄的一层金属，刮削操作的劳动强度又很大，所以要求工件留给刮削工序的刮削余量不宜太大，一般为 0.05~0.4mm，具体数值见表 8-1 和表 8-2。

表 8-1　平面刮削余量　（单位：mm）

平面宽度	平面长度				
	100~500	>500~1000	>1000~2000	>2000~4000	>4000~6000
100 以下	0.10	0.15	0.20	0.25	0.30
100~500	0.15	0.20	0.25	0.30	0.40

表 8-2　内孔刮削余量　（单位：mm）

孔径	孔长		
	100 以下	100~200	200~300
80 以下	0.05	0.08	0.12
80~180	0.10	0.15	0.25
>180~360	0.15	0.20	0.35

在确定刮削余量时，还应考虑工件刮削面积的大小。面积大时余量大，刮削前加工误差大时余量大，工件结构刚性差时余量也应大些。具有合适的余量，才能经过反复刮削达到尺寸精度及几何精度的要求。

4. 刮削的类型

刮削可分为平面刮削和曲面刮削两种。

（1）平面刮削步骤及方法

1）平面刮削步骤有单个平面刮削（如平板、工作台面等）和组合平面刮削（如 V 形导轨面、燕尾槽面等）两种。平面刮削一般要经过粗刮、细刮、精刮和刮花几个操作。

① 粗刮是用粗刮刀在刮削面上均匀地铲去一层较厚的金属，可以采用连续推铲的方法，刀迹要连成长片。粗刮能很快地去除刀痕、锈斑或过多的余量。当粗刮到每 25mm×25mm 的方框内有 2~3 个研点时，即可转入细刮。

② 细刮是用细刮刀在刮削面上刮去稀疏的大块研点（俗称破点），目的是进一步改善不平现象。细刮时采用短刮法，刀痕宽而短，刀迹长度均为切削刃宽度，而且随着研点的增多，刀迹逐步缩短。每刮一遍时，须按同一方向刮削（一般要与平面的边成一定角度），刮第二遍时要交叉刮削，以消除原方向刀迹。在整个刮削面上达到 12~15 点/(25mm×25mm) 时，细刮结束。

③ 精刮就是用精刮刀更仔细地刮削研点（俗称摘点），目的是增加研点，改善表面质量，使刮削面符合精度要求，精刮时采用点刮法（刀迹长度约为 5mm）。刮面越窄小，精度要求越高，刀迹越短。精刮时，更要注意压力要轻，提刀要快，在每个研点上只刮一刀，不要重复刮削，并始终交叉地进行刮削，当研点增加到 20 点/(25mm×25mm) 以上时，精刮结束。注意交叉刀迹的大小应该一致，排列应该整，以增加刮削面的美观。

④ 刮花是在刮削面或机器外观表面上用刮刀刮出装饰性花纹，目的是使刮削面美观，并使滑动件之间形成良好的润滑条件，常见的花纹如图 8-1 所示。

a) 斜花纹　　b) 鱼鳞纹　　c) 半月花纹

图 8-1　刮花的花纹

2）平面刮削方法。

手刮法

① 手刮法。手刮法的姿势为：右手握刀柄，且左手四指向下握住距刮刀的头部为 50~70mm 处。

左手靠小拇指的掌部贴在刀背上，并使刮刀与刮削面成 25°~30°角度。同时，左脚向前跨一步，且上身前倾，以使身体重心靠向左腿。在刮削时，让刀头找准研点。在身体的重心往前推的同时，右手跟进刮刀；左手下压，且落刀要轻，并引导刮刀的前进方向。左手随着研点被刮削的同时，以刮刀的反弹作用力迅速地提起刀头。刀头的提起高度为 5~10mm，如此完成一个刮削动作，如图 8-2 所示。

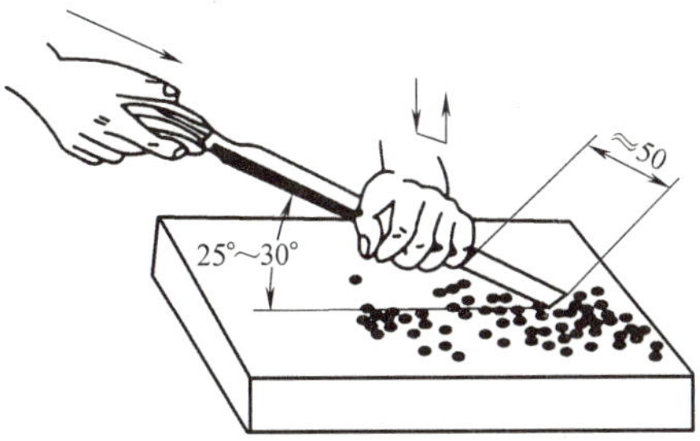

图 8-2　手刮法

挺刮法

② 挺刮法。挺刮法的姿势为：将刮刀柄顶在小腹右下部的肌肉处，左手在前，且手掌向下；右手在后，且手掌向上。在距刮刀头部的 80mm 左右处左手握住刀身。在刮削时，刀头对准研点，且左手下压，右手控制刀头方向；利用腿部和臂部的合力，往前推动刮刀；随着研点被刮削的瞬间，双手利用刮刀的反弹作用力，迅速地提起刀头，刀头的提起高度约为 10mm，如图 8-3 所示。

（2）曲面刮削方法　曲面刮削的原理和平面刮削一样，只是曲面刮削使用的刀具和掌握刀具的方法与平面刮削有所不同。

刮削曲面时，应根据其不同形状和不同的刮削要求选择合适的刮刀和显点方法。一般是以标准轴（也称工艺轴）或与其配合的轴作为内曲面研点的校准工具。研合时将显示剂涂在轴的圆柱面上，用轴在内曲面中旋转显示研点，如图 8-4 所示，然后根据研点进行刮削。内曲面的研点效果如图 8-5 所示。

a)　　b)

图 8-3　挺刮法

内曲面刮削时，右手握刀柄，且左手的掌心向下，同时四指在刀身的中部横握，拇指抵着刀身。在刮削时，右手做圆弧运动；左手顺着曲面的方向使刮刀做前推或后拉的螺旋形运动。刀迹与曲面的轴心线成 45°且交叉进行，如图 8-6a 所示。或者刮刀柄搁在右手臂上，左

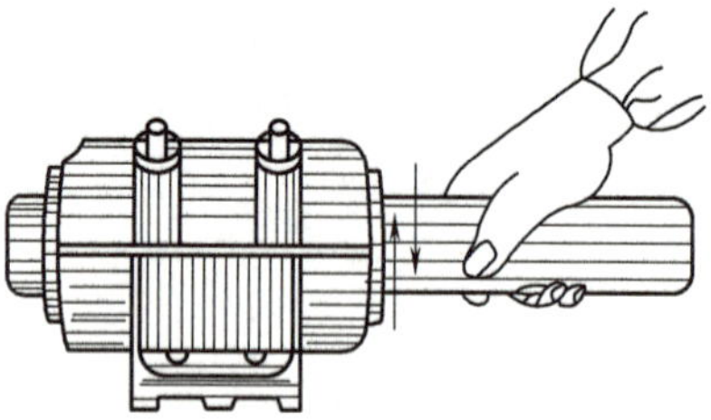

图 8-4　显示内曲面的研点操作

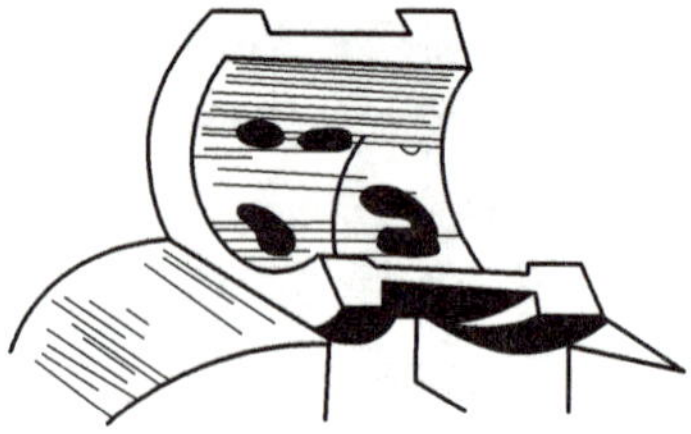

图 8-5　内曲面的研点效果

手掌心向下握在刀身的前端，右手掌心向上握在刀身的后端进行刮削操作，如图 8-6b 所示。

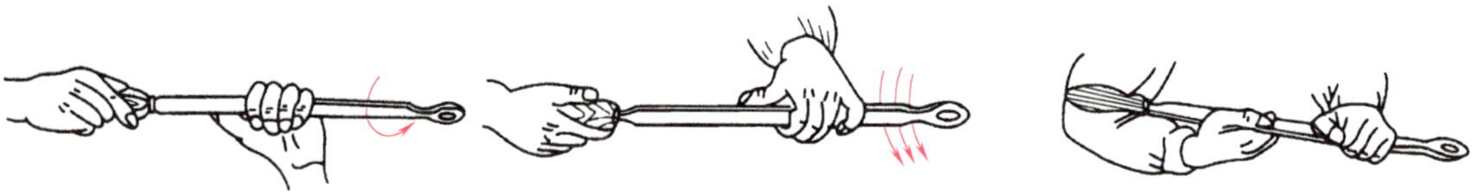

a) 姿势1　　b) 姿势2

图 8-6　内曲面的刮削方法

8.1.2　刮削的工具

1. 刮刀

刮刀是刮削的主要工具。刮削时，由于工件的形状不同，因此要求刮刀有不同的形式，一般分为平面刮刀和曲面刮刀两类。

（1）平面刮刀　用于刮削平面和刮花，一般多采用 T12A 钢制成。当工件表面较硬时，也可以焊接高速工具钢或硬质合金刀头。常用的平面刮刀有直头刮刀和弯头刮刀两种，如图 8-7 所示。刮刀头部形状和角度如图 8-8 所示。

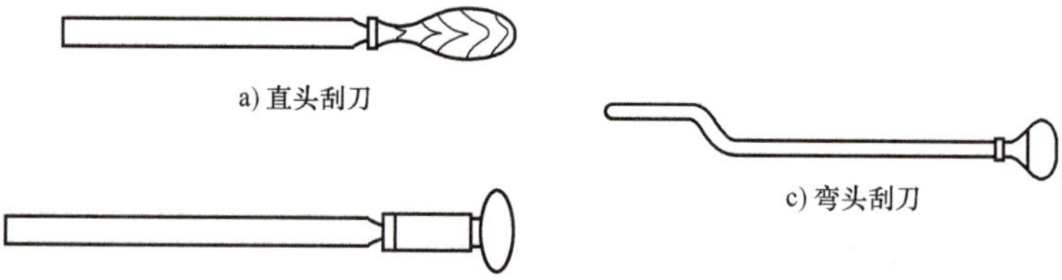

a) 直头刮刀　b) 直头刮刀　c) 弯头刮刀

图 8-7　平面刮刀的种类

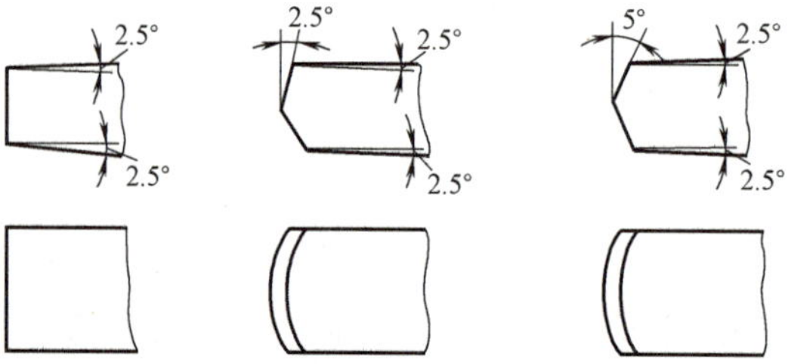

a) 粗刮刀　b) 细刮刀　c) 精刮刀

图 8-8　刮刀头部形状和角度

（2）曲面刮刀　用于刮削内曲面，常用的有三角刮刀、柳叶刮刀和蛇头刮刀，如图 8-9 所示。

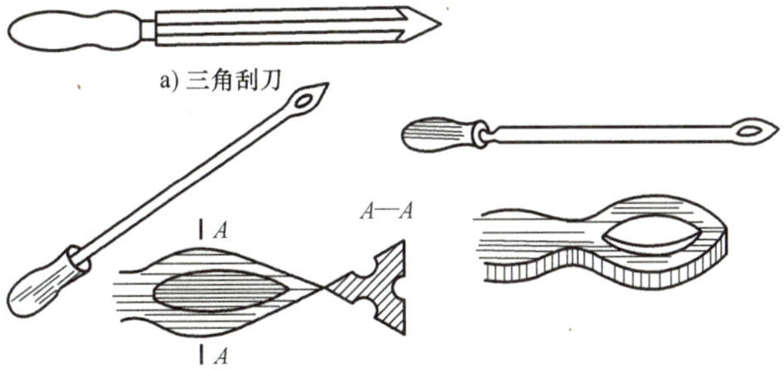

a) 三角刮刀　b) 柳叶刮刀　c) 蛇头刮刀

图 8-9　曲面刮刀

2. 刮刀的刃磨

（1）平面刮刀的粗磨和细磨　平面刮刀先粗磨刮刀的两平面，即使刮刀在砂轮的两侧面磨削，如图 8-10a 所示。再磨出刀头部分，如图 8-10b 所示。再按同样的方法在细砂轮上细磨刮刀。

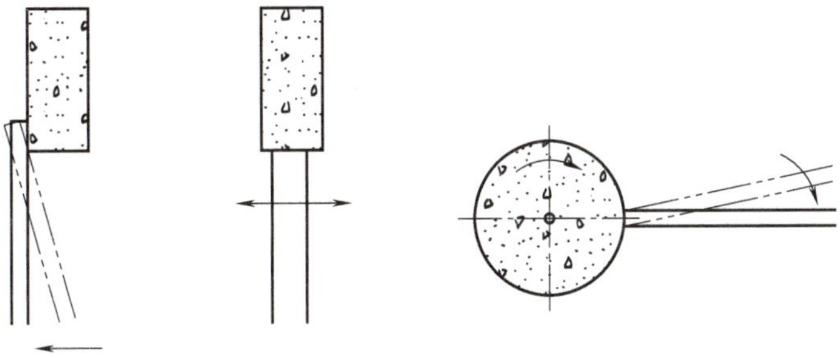

a) 粗磨刮刀平面　b) 粗磨刮刀的刀头

图 8-10　平面刮刀的粗磨

（2）平面刮刀的精磨　平面刮刀精磨时，先磨两平面，操作方法如图 8-11a 所示。其次精磨端面，刃磨时左手扶住靠近手柄的刀身，右手紧握刀身，使刮刀直立在磨石上，保持一个前倾角度并向前推动刃磨（前倾角度根据刮刀 β 角的不同而定）。在拉回时，刀身略微提起，以免损伤刃口。重复此操作，刃磨端面两侧切削刃直到切削部分的形状和角度符合要求，操作方法如图 8-11b 所示。在平面刮刀刃磨时，刮刀楔角 β 的大小应根据粗刮、细刮、精刮等的要求而定，具体如图 8-12 所示。

a) 磨平面　b) 磨端面

图 8-11　平面刮刀精磨方法

3. 校准工具

校准工具是用来推磨研点和检查被刮面准确性的工具，也叫研具，常用有校准平板

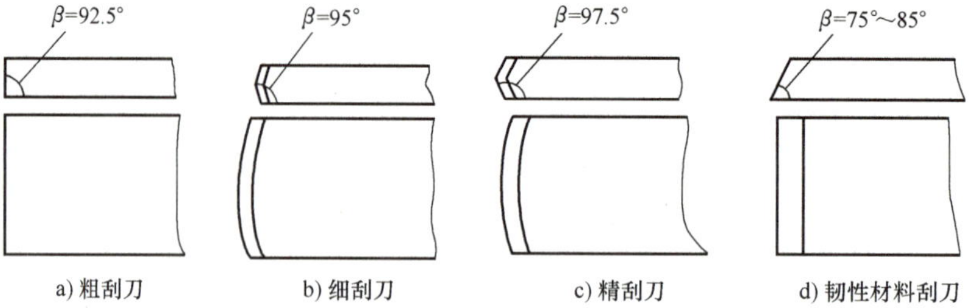

图 8-12　刮刀切削部分的几何形状和角度

（通用平板）、校准直尺、角度直尺以及根据被刮面形状设计制造的专用校准型板等。如图 8-13、图 8-14 和图 8-15 所示。

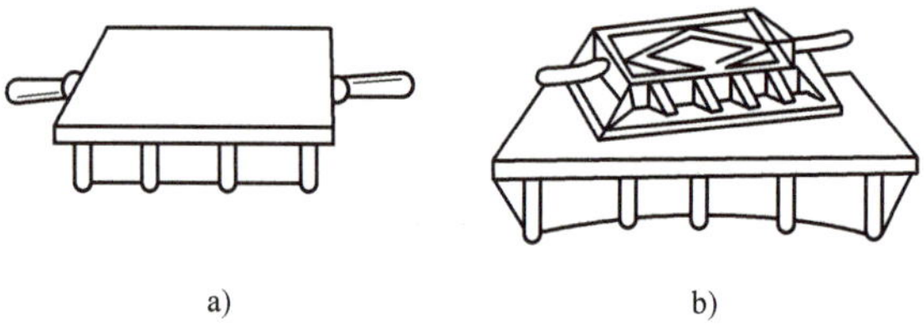

图 8-13　校准平板

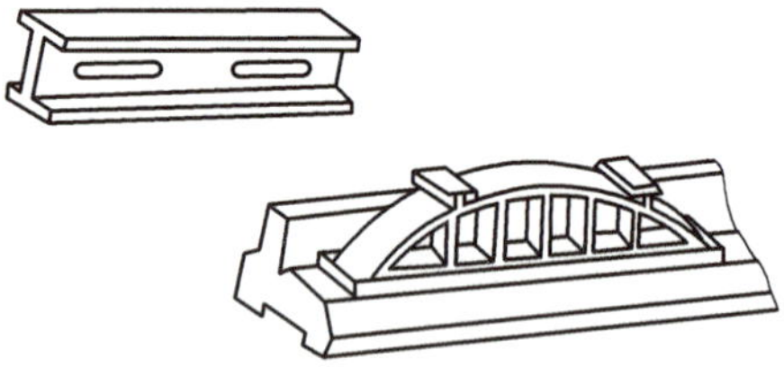

图 8-14　校准直尺

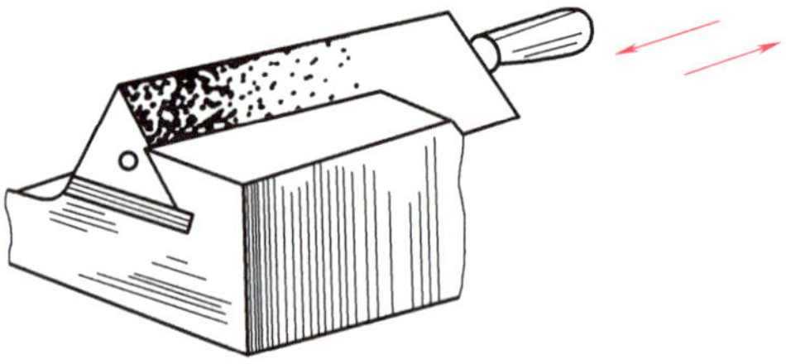

图 8-15　角度直尺

4. 显示剂

工件和校准工具对研时，所加的涂料叫显示剂，其作用是显示工件误差的位置和大小。

（1）显示剂的种类　显示剂主要为红丹粉和蓝油两类。红丹粉分铅丹（氧化铅，呈红色）和铁丹（氧化铁，呈红褐色）两种，颗粒较细，用机油调和后使用，广泛用于钢和铸铁工件。蓝油是用蓝粉和蓖麻油及适量机油调和而成的，呈深蓝色，其研点小而清楚，多用于精密工件和有色金属及其合金的工件。

（2）显示剂的用法　刮削时，显示剂可以涂在工件表面上，也可以涂在校准件上。前者在工件表面显示的结果是红底黑点，没有闪光，容易看清，适用于精刮时选用。后者只在工件表面的高处着色，研点暗淡，不易看清，但切屑不易粘附在切削刃上，刮削方便，适用于粗刮时选用。

在调和显示剂时应注意：粗刮时，可调得稀些，这样在刀痕较多的工件表面上，便于涂抹，显示的研点也大；精刮时，应调得干些，涂抹要薄而均匀，这样显示的研点细小，否则，研点会模糊不清。

（3）显点的方法　显点的方法应根据不同形状和刮削面积的大小有所区别。图 8-16 所示为平面与曲面的显点方法。具体为中小型工件的显点一般是校准平板固定不动，工件被刮面在平板上推研；大型工件的显点则是将工件固定，平板在工件的被刮面上推研；形状不对称工件的显点推研时应在工件相应部位采取托或压措施，如图 8-17 所示。托压时应注意用力的大小要适当、均匀。

a) 平面显点法　　　　b) 曲面显点法

图 8-16　平面与曲面的显点方法

显点时还应注意，如果两次显点有矛盾，应分析原因，认真检查推研方法，谨慎处理。

8.1.3　刮削质量的检验

刮削精度包括尺寸精度、几何精度、接触精度及贴合程度、表面粗糙度等。

对刮削质量最常用的检查方法，是将被刮面与校准工具对研后，用边长为 25mm 的正方形方框罩在被检查面上，根据方框内的研点来决定接触精度，如图 8-18 所示。

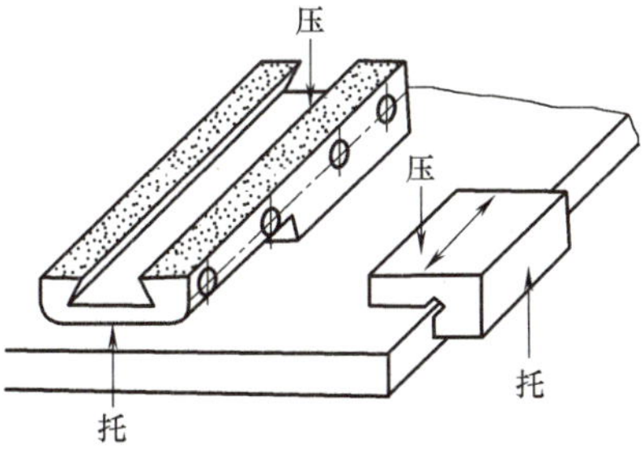

图 8-17　不对称工件的显点

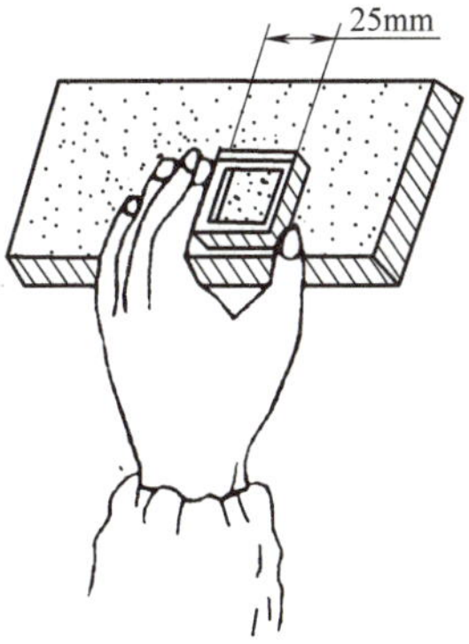

图 8-18　用方框检查研点

各种平面接触精度的研点数见表 8-3。

表 8-3　各种平面接触精度研点数

平面种类	每 25mm×25mm 内的研点数	应用
一般平面	2~5	较粗糙机件的固定结合面
	>5~8	一般结合面
	>8~12	机器台面、一般基准面、机床导向面、密封结合面
	>12~16	机床导轨及导向面；工具基准面、量具接触面
精密平面	>16~20	精密机床导轨、直尺
	>20~25	1 级平板①、精密量具
超精密平面	>25	0 级平板①、高精度机床导轨、精密量具

① 表中 1 级平板、0 级平板系指通用平板的精度等级。

曲面刮削主要是对滑动轴承内孔的刮削，不同接触精度的研点数见表 8-4。

表 8-4　滑动轴承研点数

轴承直径/mm	机床或精密机械主轴轴承			锻压设备和通用机械的轴承		动力机械和冶金设备的轴承	
	高精度	精密	普通	重要	普通	重要	普通
	每 25mm×25mm 内的研点数						
≤120	25	20	16	12	8	8	5
>120		16	10	8	6	6	2

除检验接触精度外，大多数刮削平面还有平行度、平面度和垂直度等的要求。如图 8-19 所示的平行度误差检验以及图 8-20 的垂直度误差检验。此外，工件平面大范围内的平面度误差、机床导轨面的直线度误差等，使用框式水平仪进行检查。有些工件（如导轨配合面）除了用方框检查研点数以外，还要用塞尺检查配合面之间的间隙大小，如图 8-21 所示。

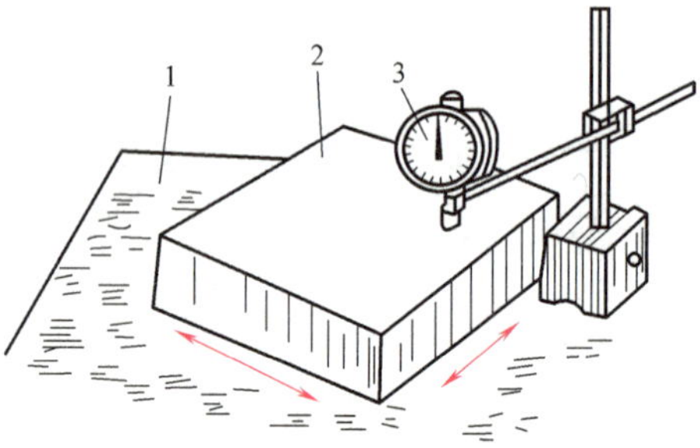

图 8-19　用百分表检查平行度

1—标准平板　2—工件　3—百分表

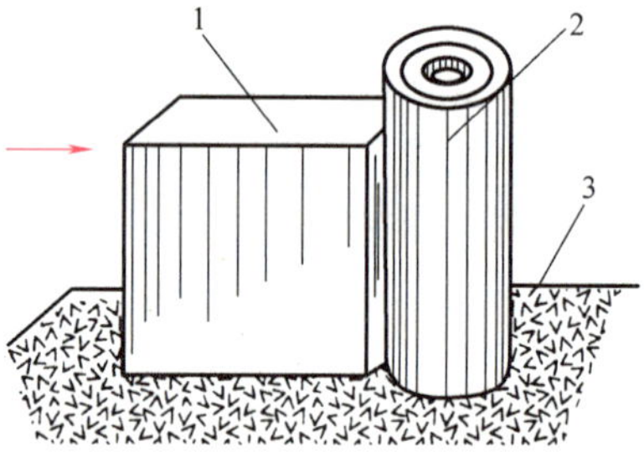

图 8-20　用标准圆柱检查垂直度

1—工件　2—标准圆柱　3—标准平板

图 8-21　用塞尺检查配合面间隙

8.1.4　刮削的常见问题及其产生的原因（表 8-5）

表 8-5　刮削的常见问题及其产生原因

常见问题	特征	产生的原因
深凹痕	刀迹太深，局部显点稀少	1. 粗刮时用力不均匀，局部落刀太重 2. 多次刀痕重叠 3. 切削刃圆弧过小
梗痕	刀迹单面产生刻痕	刮削时用力不均匀，使刃口单面切削
撕痕	刮削面上呈粗糙刮痕	1. 切削刃不光洁、不锋利 2. 切削刃有缺口或裂纹

（续）

常见问题	特征	产生的原因
落刀或起刀痕	在刀迹上的起始或终了处产生深的刀痕	落刀时，左手压力和速度较大以及起刀不及时
振痕	刮削面上呈现有规则的波纹	多次同向切削，刀迹没有交叉
划道	刮削面上划有深浅不一的直线	显示剂不清洁，或研点时混有砂粒和切屑等杂物
切削面精度不高	显点变化情况无规律	1. 研点时压力不均匀，工件外露太多而出现假点子 2. 研具不正确 3. 研点时放置不平稳

在刮削过程中应经常对工件进行测量和试配，避免刮削尺寸超差。

8.2　刮削操作

8.2.1　任务导入

按要求完成图 8-22 所示零件的刮削操作，保证符合图样的技术要求。

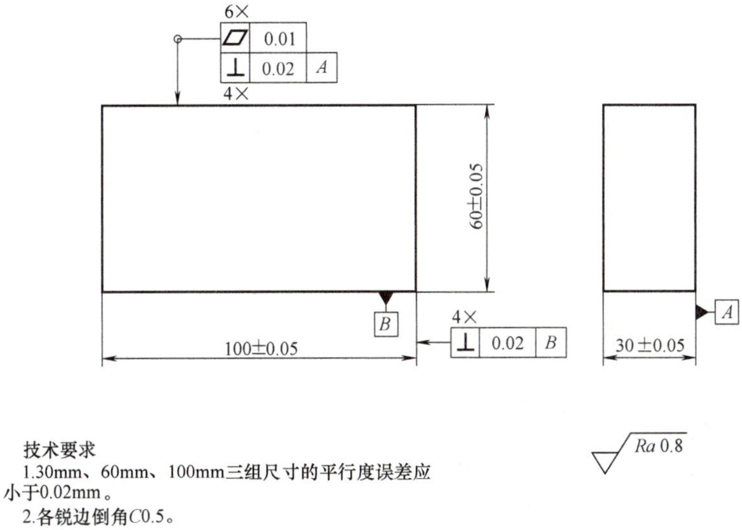

图 8-22　刮削操作零件图

8.2.2　任务分析

平板刮削采用渐进法，直研互刮一般经过多次循环至精度，即以 3 块（或 3 块以上）平板依次循环、互研互刮，直至符合精度要求。

推研方法如图 8-23 所示。先纵、横向直研，以消除因纵横起伏而产生的平面度误差，方法如图 8-23a 所示。通过多次直研互刮循环后，可达到各平板的研点一致。然后进行对角方向对研，以消除平面的扭曲误差，如图 8-23b 所示。

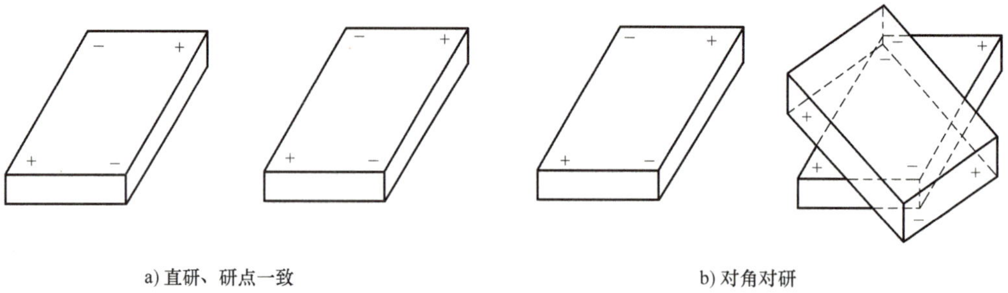

图 8-23　直研及对角对研的研点方法

在刮削、推研时，应避免杂质留在研合面上，以免造成刮研面或标准平板被划伤。不论是粗刮、细刮、精刮，对于小工件的显示研点，应当都是标准平板固定后，将工件在平板上推研。在推研时，要求压力均匀，以避免显示失真。

8.2.3　任务准备

1. 条件要求

（1）钳工实训中心（钳床：1 人/台）

（2）工艺装备

1）工具：粗、细、精平面刮刀，磨石，机油，显示剂，毛刷等。

2）校准工具：校准平板、校准直尺及角度直尺等。

2. 材料准备

3 名同学一组，备好材料，尺寸如图 5-14 所示，材料为 HT200。

8.2.4　任务实施

1. 操作步骤

（1）将 3 块平板单独地进行粗刮，以去除机械加工的刀痕和锈斑。

（2）对 3 块平板分别编号为 1、2、3，并按编号次序进行刮削。刮削的循环步骤如图 8-24 所示。

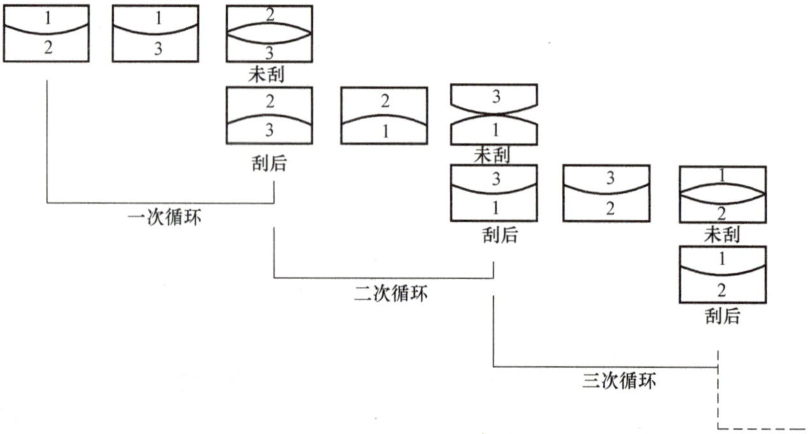

图 8-24　原始平板刮削步骤

1）第一次循环刮削。

① 以 1 号平板为基准，并与 2 号平板互研、互刮，以使 1、2 号平板贴合。

② 将 3 号平板与 1 号平板互研，并单刮 3 号平板，以使 1、3 号平板贴合。

③ 将 2、3 号平板互研、互刮，这时 2 号和 3 号平板的平面度略有提高。

2）第二次循环刮削。

① 在上一次 2 号与 3 号平板互研、互刮的基础上，按顺序以 2 号平板为基准，且 1 号与 2 号平板互研。单刮 1 号平板，以使 2、1 号平板贴合。

② 将 3 号与 1 号平板互研、互刮。这时 3 号和 1 号平板的平面度精度又有了提高。

3）第三次循环刮削。

① 在上一次 3 号与 1 号平板互研、互刮的基础上，按顺序以 3 号平板为基准：且 2 号与 3 号平板互研，并单刮 2 号平板，以使 3、2 号平板贴合。

② 将 1 号与 2 号平板互研、互刮。这时 1 号和 2 号平板的平面度进一步提高。

（3）如此循环刮削，若次数越多，则平板越精密。直到在 3 块平板中，任取两块推研，不论是直研还是对角研都能得到相近的清晰研点，且在每块平板上任意的 25mm×25mm 内，均达到 18~20 个点以上，表面粗糙度值低于 $Ra1.6\mu m$，且刀迹的排列整齐美观，那么刮削即完成。

2. 操作要点

1）操作姿势要正确。落刀和起刀应正确、合理，以防止梗刀。

2）在涂色、研点时，平板必须放置稳定，且施力要均匀，以保证研点显示的真实。

3）由于刮刀的正确刃磨是提高刮削速度和保证精度的基本，因此一定要注意刮刀的正确刃磨。

4）要严格按照粗刮、细刮、精刮的步骤进行刮削，并且不达要求不进入下道工序。否则，既影响速度，又不易将平板刮好。

5）从粗刮到细刮的过程中，研点的移动距离应逐渐缩短，且显示剂的涂层应逐步减薄。这样才能使研点真实、清晰。

8.2.5　任务评价

1. 刮削质量评价（表 8-6）

表 8-6　刮削质量评价表

序号	项目	质量检测内容	配分	评分标准	实测结果	得分
1	表面质量	刀迹整齐、美观	5	酌情扣分		
2	尺寸精度	长度 100±0.05	5	每超 0.01mm 扣 2 分		
		宽度 60±0.05	5	每超 0.01mm 扣 2 分		
		厚度 30±0.05	5	每超 0.01mm 扣 2 分		
3	位置精度	平行度 0.02	5	每超 0.01mm 扣 2 分		
4	位置精度	垂直度 0.02	5	每超 0.01mm 扣 2 分		
5	研点数	接触点每 25mm×25mm 内，均达到 18 个研点以上	20	酌情扣分		

（续）

序号	项目	质量检测内容	配分	评分标准	实测结果	得分
6	研点质量	研点清晰、均匀；在 25mm×25mm 内的研点数允差为 6 点	5	酌情扣分		
7	刮削质量	无明显落刀痕，且无丝纹和振痕	5	不符合要求不得分		
总得分						

2. 刮削任务评价

刮削任务评价见表 8-7。

表 8-7　刮削任务评价表

序号	考核项目	质量检测内容	配分	评分标准	评价结果	得分
1	加工准备（15 分）	工具、量具清单完整	5	缺 1 项扣 1 分		
		工服穿着整洁	5	酌情扣分		
		工具、量具摆放整齐	5	酌情扣分		
2	操作规范（15 分）	刮削操作正确性	8	酌情扣分		
		量具使用正确性	7	酌情扣分		
3	文明生产（10 分）	操作文明安全，工完场清	10	不符合要求不得分		
4	完成时间			每超过 10min 扣 2 分 超过 30min 不及格		
5	刮削质量	见表 8-6	60	见表 8-6		
总配分			100	总得分		

工匠故事

胡双钱：航空“手艺人”

胡双钱，1960 年 7 月 16 日出生，上海人。1978 年 10 月，胡双钱就读上海飞机制造厂技校。后在中国商飞上海飞机制造有限公司（下简称“上飞厂”）数控机加车间钳工组任组长。胡双钱先后参与过运-10、麦道 MD-82、波音 B-737、波音 B-787、国产 ARJ-21、国产 C919 等飞机的生产工作，曾在钛合金加工等多个工序上有过技术革新和技术改造的突出成果，总结有“胡双钱标准工作法”，即《钳工操作标准工作八大法》（被上飞厂简称“八大法”），已在各个生产车间及全商飞公司范围内推广使用。

胡双钱获得的市级以上荣誉包括：2002 年上海市质量金奖、2015 年全国劳动模范、2015 年全国道德模范、2016 年第二届中国质量奖提名奖等。

思考与练习

1. 刮削加工的原理是什么？

2. 刮削有哪些特点？主要应用在哪些加工场合？
3. 刮削的加工余量一般预留多少合适？
4. 平面刮削的步骤和刮削方法是什么？
5. 曲面刮削的方法是什么？
6. 刮刀有哪些？各有什么特点？
7. 刮刀的刃磨方法是什么？
8. 校准工具是作用是什么？常用的校准工具有哪些？
9. 显示剂的种类有哪些？使用方法是什么？
10. 刮削质量的检验方法是什么？

模块9

研磨准备及研磨操作

学习目标

1. 熟知研磨加工的原理及作用。
2. 熟知常用研具的材料和类型。
3. 掌握常用磨料的类型及应用场合。
4. 掌握平面研磨和圆柱面研磨的方法。
5. 培养规范操作和精益求精的职业精神。

9.1 研磨准备

研磨

9.1.1 研磨概述

用研磨工具和研磨剂，从工件上研去一层极薄表面层的精加工方法，称为研磨。

1. 研磨原理

手工研磨的一般方法如图 9-1 所示，即在研磨工具（简称研具，图中为平板）的研磨面上涂上研磨剂，在一定压力下，工件和研具按一定轨迹做相对运动，直至研磨完毕。研磨的基本原理包含着物理和化学的综合作用。

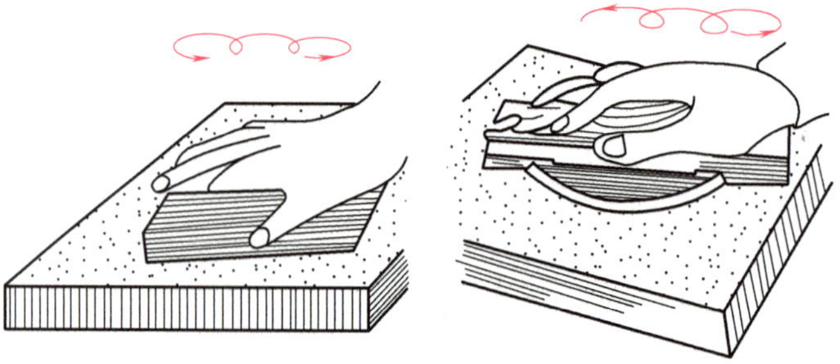

图 9-1 平面研磨

（1）物理作用 研磨时要求研具材料比被研磨的工件软，这样受到一定压力后，研磨剂中微小颗粒（磨料）被压嵌在研具表面上。这些细微的磨料具有较高的硬度，像无数切削刃。由于研具和工件的相对运动，使半固定或浮动的磨粒在工件和研具之间做运动轨迹很少重复的滑动和滚动，因而对工件产生微量的切削作用，均匀地从工件表面切去一层极薄的金属。借助于研具的精确型面，可使工件逐渐得到准确的尺寸精度及合格的表面粗糙度。

（2）化学作用　有的研磨剂还起化学作用。例如，采用氧化铬、硬脂酸等化学研磨剂进行研磨时，与空气接触的工件表面，很快就形成一层极薄的氧化膜，而且氧化膜又很容易被研磨掉，这就是研磨的化学作用。

在研磨过程中，氧化膜迅速形成（化学作用），又不断地被磨掉（物理作用）。经过这样的多次反复，工件表面就能很快地达到预定要求。由此可见，研磨加工实际体现了物理和化学的综合作用。

2. 研磨的作用

（1）减小表面粗糙度值　与其他加工方法比较，经过研磨加工后的表面粗糙度值最小，一般情况表面粗糙度值为 Ra1.6～0.1μm，最小可达 Ra0.012μm。各种加工方法所能达到的表面粗糙度值情况见表 9-1。

表 9-1　各种加工方法获得的表面粗糙度值比较

加工方法	加工方法示意图	加工表面放大情况	表面粗糙度值 Ra/μm
车			1.5～80
磨			0.9～5
压光			0.15～2.5
珩磨			0.15～1.5
研磨	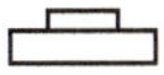		0.1～1.6

（2）能达到精确的尺寸精度　通过研磨后的尺寸精度可达到 0.001～0.005mm。

（3）能改进工件的几何形状　可使工件得到准确形状，用一般机械加工方法产生的形状误差都可以通过研磨的方法校正。由于研磨后零件表面粗糙度值小，形状准确，所以，零件的耐磨性、抗腐蚀能力和疲劳强度都相应地提高，延长了零件的使用寿命。

3. 研磨余量

研磨是微量切削，每研磨一遍所能磨去的金属层不超过 0.002mm，因此研磨余量不能太大，一般研磨量在 0.005～0.030mm 之间比较适宜。有时研磨余量就留在工件的公差之内。

9.1.2　研具

在研磨加工中，研具是保证研磨工件几何形状正确的主要因素，因此对研具的材料、几何精度要求较高，而表面粗糙度值要小。

1. 研具材料

研具材料应满足如下技术要求：材料的组织要细致均匀，要有很高的稳定性和耐磨性，具有较好的嵌存磨料的性能，工作面的硬度应比工件表面硬度稍软。

常用的研具材料有如下几种：

（1）灰铸铁　它有润滑性好，磨耗较慢，硬度适中，研磨剂在其表面容易涂布均匀等优点，是一种研磨效果较好、价廉易得的研具材料，因此得到广泛的应用。

（2）球墨铸铁　它比一般灰铸铁更容易嵌存磨料，且更均匀、牢固、适度，同时还能增加研具的寿命。采用球墨铸铁制作研具已得到广泛应用，尤其用于精密工件的研磨。

（3）软钢　它的韧性较好，不容易折断，常用来做小型的研具，如研磨螺纹和小直径工具、工件等。

（4）铜　性质较软，表面容易被磨料嵌入，适于作研磨软钢类工件的研具。

2. 研具的类型

生产中需要研磨的工件是多种多样的，不同形状的工件应用不同类型的研具。常用的研具有以下几种：

（1）研磨平板　主要用来研磨平面，如研磨块规、精密量具的平面等。它分有槽的和光滑的两种，如图 9-2 所示。有槽的用于粗研，研磨时易于将工件压平，可防止将研磨面磨成凸弧面；精研时，则应在光滑的平板上进行。

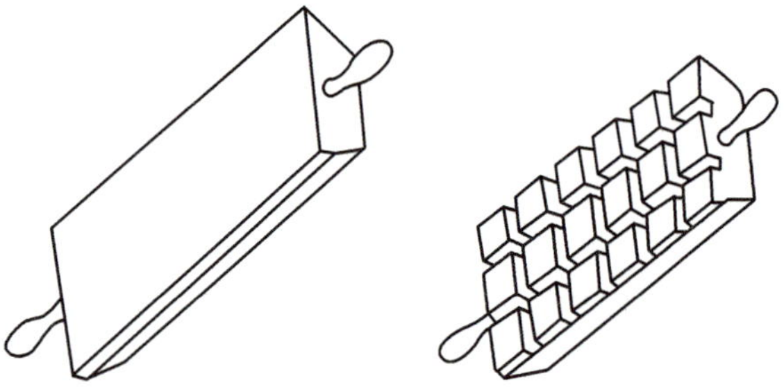

a) 光滑平板　　b) 有槽平板

图 9-2　研磨平板

（2）研磨环　主要用来研磨外圆柱表面。研磨环的内径应比工件的外径大 0.025～0.05mm，其结构如图 9-3 所示。当研磨一段时间后，若研磨环内孔磨大，拧紧调节螺钉 3，可使孔径缩小，以达到所需间隙，如图 9-3a 所示。图 9-3b 所示的研磨环，孔径的调整则靠右侧的螺钉。

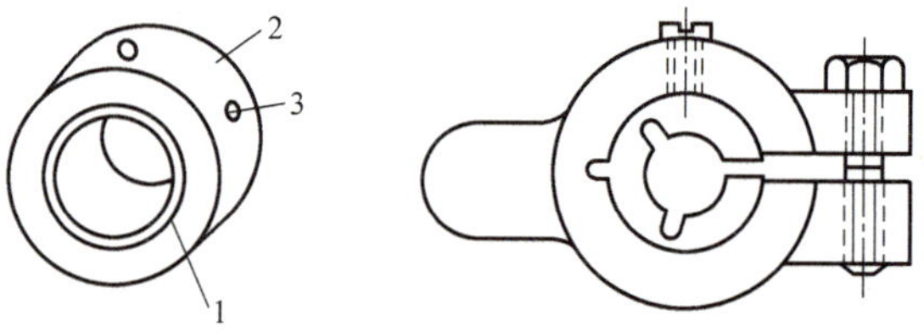

a)　　b)

图 9-3　研磨环

1—开口调节圈　2—外圈　3—调节螺钉

（3）研磨棒　主要用于圆柱孔的研磨，有固定式和可调节式两种，如图 9-4 所示。

固定式研磨棒制造容易，但磨损后无法补偿，多用于单件研磨或机修当中。对工件上某一尺寸孔径的研磨，需要二三个预先制好的有粗、半精、精研磨余量的研磨棒来完成。有槽的用于粗研，光滑的用于精研。可调节的研磨棒因为能在一定的尺寸范围内进行调整，适用于成批生产中工件孔的研磨，寿命较长，应用较广。如果把研磨环的内孔、研磨棒的外圆做成圆锥形，则可用来研磨内、外圆锥表面。

9.1.3　研磨剂

研磨剂是由磨料和研磨液调和而成的混合剂。

1. 磨料

磨料在研磨中起切削作用，研磨工作的效率、工件的精度和表面粗糙度都与磨料有密切

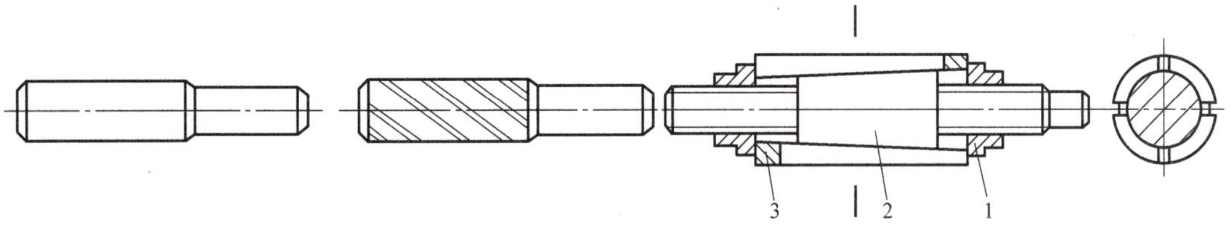

a) 固定式光滑研磨棒　b) 固定式带槽研磨棒　c) 可调节式研磨棒

图 9-4 研磨棒

1—调整螺母　2—锥度心轴　3—开槽研磨套

的关系。常用的磨料有以下三类：

（1）氧化物磨料　氧化物磨料有粉状和块状两种，主要用于碳素工具钢、合金工具钢、高速工具钢和铸铁工件的研磨。

（2）碳化物磨料　碳化物磨料呈粉状，它的硬度高于氧化物磨料，除用于一般钢铁材料制件的研磨外，主要用来研磨硬质合金、陶瓷之类的高硬度工件。

（3）金刚石磨料　金刚石磨料分人造和天然两种，其切削能力、硬度比氧化物、碳化物磨料都高，实用效果也好。由于价格昂贵，一般只用于硬质合金、宝石、玛瑙和陶瓷等高硬度材料的精研磨加工。

磨料的系列与用途见表 9-2。

表 9-2 磨料的系列与用途

系列	磨料名称	代号	特征	适用范围
氧化物系	棕刚玉	A	棕褐色，硬度高，韧性大，价格便宜	粗、精研磨钢、铸铁和黄铜
	白刚玉	WA	白色，硬度比棕刚玉高，韧性比棕刚玉差	精研磨淬火钢、高速工具钢、高碳钢及薄壁零件
	铬刚玉	PA	玫瑰红或紫红色，韧性比白刚玉高，磨削粗糙度值低	研磨量具，仪表零件等
	单晶刚玉	SA	淡黄色或白色，硬度和韧性比白刚玉高	研磨不锈钢、高钒高速工具钢等强度高、韧性大的材料
碳化物系	黑碳化硅	C	黑色有光泽，硬度比白刚玉高，脆面锋利，导热性和导电性良好	研磨铸铁、黄钢、铝、耐火材料及非金属材料
	绿碳化硅	GG	绿色，硬度和脆性比黑碳化硅高，具有良好的导热性和导电性	研磨硬质合金、宝石、陶瓷、玻璃等材料
	碳化硼	BC	灰黑色，硬度仅次于金刚石，耐磨性好	精研磨和抛光硬质合金、人造宝石等硬质材
金刚石系	人造金刚石		无色透明或淡黄色、黄绿色、黑色，硬度高，比天然金刚石略脆，表面粗糙	粗，精研磨硬质合金、人造宝石、半导体等高硬度脆性材料
	天然金刚石		硬度最高，价格昂贵	
其他	氧化铁		红色至暗红色，比氧化铬软	精研磨或抛光钢、玻璃等材料
	氧化铬		深绿色	

磨料的粗细用粒度表示，根据固结磨具用磨料国家标准规定，粒度由粗磨粒和微粉两个部分组成。其中粗磨粒由 F4~F220 共 26 个粒度号组成，通过筛机筛分获得。微粉由一般工业用途的 F 系列微粉和精密研磨用的 J 系列微粉组成。F 系列微粉若按 X 射线重力沉降法和电阻法测量分为 13 个粒度号，中值粒径从 53~1.2μm，见表 9-3。本系列与 F 系列粗磨粒的最细粒度号 F220（63μm）衔接。

表 9-3 F230~F2000 微粉的粒度组成（X 射线重力沉降法和电阻法）

粒度标记	d_{s0} 最大值/μm	d_{s3} 最大值/μm	d_{s50} 中值粒径/μm	d_{s80} 最小值/μm	d_{s94} 最小值/μm
F230	—	82.0	53.0±3.0	—	34.0
F240	—	70.0	44.5±2.0	—	28.0
F280	—	59.0	36.5±1.5	—	22.0
F320	—	49.0	29.2±1.5	—	16.5
F360	—	40.0	22.8±1.5	—	12.0
F400	—	32.0	17.3±1.0	—	8.0
F500	—	25.0	12.8±1.0	—	5.0
F600	—	19.0	9.3±1.0	—	3.0
F800	—	14.0	6.5±1.0	—	2.0
F1000	—	10.0	4.5±0.8	—	1.0
F1200	—	7.0	3.0±0.5	1.0	—
F1500	—	5.0	2.0±0.4	0.8	—
F2000	—	3.5	1.2±0.3	0.5	—

F 系列微粉若按沉降管法测量分为 11 个粒度号，中值粒径从 55.7~7.6μm，见表 9-4。

表 9-4 F230~F1200 微粉的粒度组成（沉降管法）

粒度标记	d_{s0} 最大值/μm	d_{s3} 最大值/μm	d_{s50} 中值粒径/μm	d_{s80} 最小值/μm	d_{s94} 最小值/μm
F230	120	77.0	55.7±3.0	—	38.0
F240	105	68.0	47.5±2.0	—	32.0
F280	90	60.0	39.9±1.5	—	25.0
F320	75	52.0	32.8±1.5	—	19.0
F360	60	46.0	26.7±1.5	—	14.0
F400	50	39.0	21.4±1.0	—	10.0
F500	45	34.0	17.1±1.0	—	7.0
F600	40	30.0	13.7±1.0	—	4.6
F800	35	26.0	11.0±1.0	—	3.5
F1000	32	23.0	9.1±0.8	—	2.4
F1200	30	20.0	7.6±0.5	2.4	—

J 系列微粉若按沉降管法测量分为 15 个粒度号，中值粒径从 60~5.7μm，见表 9-5。

J 系列微粉若按电阻法测量分为 18 个粒度号，中值粒径从 57~1.2μm，见表 9-6。

表 9-5　J240~J3000 微粉的粒度组成（沉降管法）

粒度标记	d_{s0} 最大值/μm	d_{s3} 最大值/μm	d_{s50} 中值粒径/μm	d_{s94} 最小值/μm
J240	127.0	90.0	60.0±4.0	48.0
J280	112.0	79.0	52.0±3.0	41.0
J320	98.0	71.0	46.0±2.5	35.0
J360	86.0	64.0	40.0±2.0	30.0
J400	75.0	56.0	34.0±2.0	25.0
J500	65.0	48.0	28.0±2.0	20.0
J600	57.0	43.0	24.0±1.5	17.0
J700	50.0	39.0	21.0±1.3	14.0
J800	46.0	35.0	18.0±1.0	12.0
J1000	42.0	32.0	15.5±1.0	9.5
J1200	39.0	28.0	13.0±1.0	7.8
J1500	36.0	24.0	10.5±1.0	6.0
J2000	33.0	21.0	8.5±0.7	4.7
J2500	30.0	18.0	7.0±0.7	3.6
J3000	28.0	16.0	5.7±0.5	2.8

表 9-6　J240~J8000 微粉的粒度组成（电阻法）

粒度标记	d_{s0} 最大值/μm	d_{s3} 最大值/μm	d_{s50} 中值粒径/μm	d_{s80} 最小值/μm	d_{s94} 最小值/μm
J240	127.0	103.0	57.0±3.0	—	40.0
J280	112.0	87	48.0±3.0	—	33.0
J320	98.0	74.0	40.0±2.5	—	27.0
J360	86.0	66.0	35.0±2.0	—	23.0
J400	75.0	58.0	30.0±2.0	—	20.0
J500	63.0	50.0	25.0±2.0	—	16.0
J600	53.0	43.0	20.0±1.5	—	13.0
J700	45.0	37.0	17.0±1.3	—	11.0
J800	38.0	31.0	14.0±1.0	—	9.0
J1000	32.0	27.0	11.5±1.0	—	7.0
J1200	27.0	23.0	9.5±0.8	—	5.5
J1500	23.0	20.0	8.0±0.6	—	4.5
J2000	19.0	17.0	6.7±0.6	—	4.0
J2500	16.0	14.0	5.5±0.5	—	3.0
J3000	13.0	11.0	4.0±0.5	—	2.0
J4000	11.0	8.0	3.0±0.4	—	1.3
J6000	8.0	5.0	2.0±0.4	—	0.8
J8000	6.0	3.5	1.2±0.3	0.6	—

2. 研磨液

研磨液在研磨中起调和磨料、冷却和润滑的作用。研磨液应具备以下条件：

1）有一定的黏度和稀释能力。磨料通过研磨液的调和与研具表面有一定的粘附性，才能使磨料对工件产生切削作用。

2）有良好的润滑冷却作用。

3）对工人健康无害，对工件无腐蚀作用，且易于洗净。

常用的研磨液有煤油、汽油、L-AN10 与 L-AN20 全损耗系统用油、工业用甘油、透平油及熟猪油等。

3. 研磨剂的配制

在磨料和研磨液中再加入适量的石蜡、蜂蜡等填料和黏性较大而氧化作用较强的油酸、脂肪酸、硬脂酸等，即可配成研磨剂或研磨膏。

例如，粗研磨用研磨剂配方：白刚玉（W14）16g、硬脂酸 8g、蜂蜡 1g、油酸 15g、航空汽油 80g、煤油 80g。用于精研磨，除白刚玉改用较细的 W7 或 W3.5 磨料，不加油酸，并多加煤油 15g 之外，其他相同。

用于精研磨的研磨膏配方（质量分数）：金刚砂 40%、氧化铬 20%、硬脂酸 25%、电容器油 10%、煤油 5%。

研磨剂调法：先将硬脂酸和蜂蜡加热融化，待其冷却后加入汽油搅拌，经过双层纱布过滤，最后加入研磨粉和油酸（注意精研磨时不加油酸）。

一般工厂常采用成品研磨膏，使用时，加机油稀释即可。

9.1.4　研磨要点

1. 平面研磨

（1）一般平面研磨　平面研磨方法如图 9-5 所示，工件沿平板全部表面，按 8 字形、仿 8 字形或螺旋形运动轨迹进行研磨。

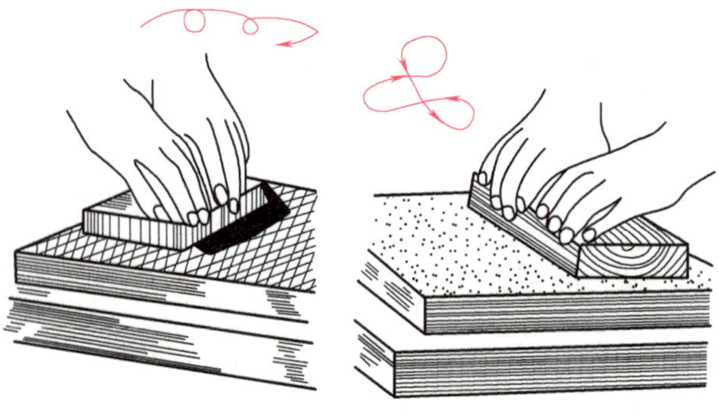

a) 螺旋形运动轨迹　　b) 仿8字形运动轨迹

图 9-5　平面研磨

研磨时工件受压要均匀，压力大小应适中。压力大，研磨切削量大，表面粗糙度值大，还会使磨料压碎，划伤表面。粗研时宜用压力 $(1\sim2)\times10^{5}$Pa，精研时宜用压力 $(1\sim5)\times10^{4}$Pa。研磨速度不应太快：手工粗研时，每分钟往复 40～60 次；精研磨每分钟 20～40 次。否则会引起工件发热，降低研磨质量。

（2）狭窄平面研磨　狭窄平面的研磨方法如图 9-6 所示，为防止研磨平面产生倾斜和圆角，研磨时应用金属块做成“导靠”（图 9-6a），采用直线研磨轨迹。图 9-6b 所示为样板要研成半径为 *R* 的圆角，则采用摆动式直线研磨运动轨迹。

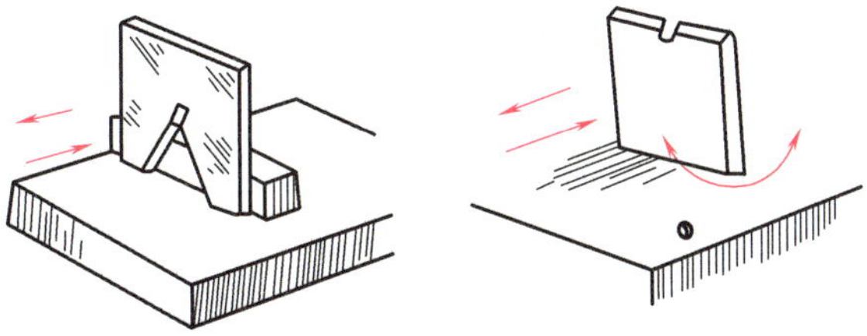

a)　　b)

图 9-6　狭窄平面研磨

如工件数量较多，则应采用 C 形夹头，将几个工件夹在一起研磨，能有效地防止倾斜，如图 9-7 所示。

图 9-7　多件研磨

2. 圆柱面研磨

圆柱面研磨一般是手工与机器配合进行研磨。

外圆柱面的研磨如图 9-8 所示，工件由车床带动，其上均匀涂布研磨剂，用手推动研磨环，通过工件的旋转和研磨环在工件上沿轴线方向做往复运动进行研磨。一般工件的转速，在直径小于 80mm 时为 100r/min；直径大于 100mm 时为 50r/min。研磨环的往复移动速度，可根据工件在研磨时出现的网纹来控制。当出现 45°交叉网纹时，说明研磨环的移动速度适宜。

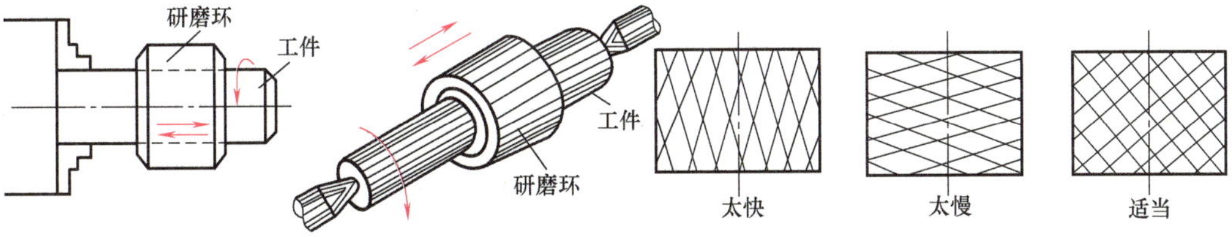

a)　　b)　　c)

图 9-8　研磨外圆柱面

研磨圆柱孔时，可将研磨棒用车床卡盘夹紧并转动，把工件套在研磨棒上进行研磨。工件上的大尺寸孔，应尽量置于垂直地面方向，进行手工研磨。

9.2　研磨操作

9.2.1　任务导入

按要求完成图 9-9 所示零件的研磨操作，保证加工符合图样要求。

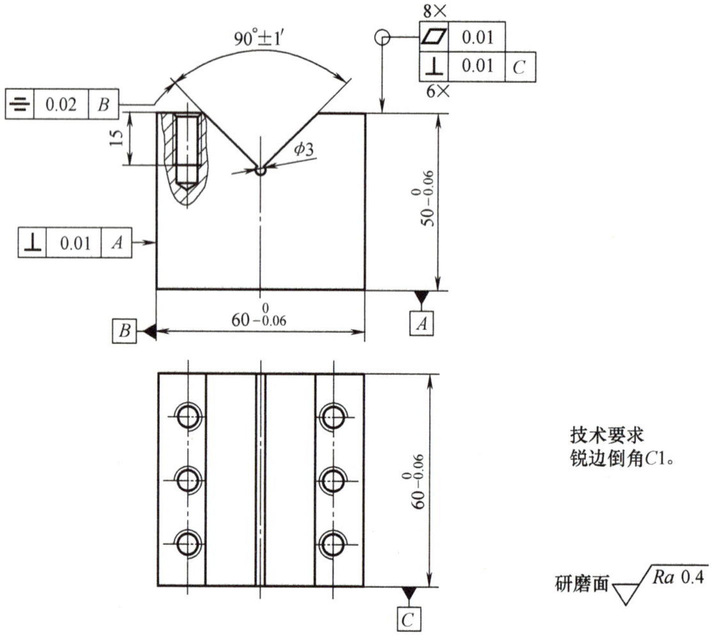

图 9-9　零件图

9.2.2　任务分析

研磨属于精密加工。研磨剂的正确选用和配制、平面研磨方法的正确直接影响到研磨质量，因此，掌握正确的研磨方法才能进行研磨操作。同时，应了解研磨的特点及其使用的工具和材料，保证研磨的表面达到一定精度和表面粗糙度等要求。

9.2.3　任务准备

1. 条件准备

（1）钳工实训中心（钳工工作台：1 人/台）

（2）工艺装备

1）工具：研磨平板、研磨剂、煤油、汽油、方铁导靠块等。

2）量具：刀口尺、万能角度尺、千分尺、直角尺、正弦规（宽型）、量块（83 块）、杠杆百分表及表架等。

2. 材料准备

每名同学备料一份。

9.2.4　任务实施

1. 实施步骤

1）粗研磨选用粗型研磨膏，并均匀地涂在有槽平板的研磨面上，握持 V 形样板，按图样顺序标注 *A*、*B*、*C* 三个基准面和正对的表面、两个斜面共八个表面。分别研磨各面，并保证角度公差±1′。

2）精研磨采用光滑平板，选用细型研磨膏均匀地涂在光滑平板的研磨面上。握持 V 形样板，并利用工件的自重进行精研磨，以使表面粗糙度值不超过 Ra0.4μm。

3）质量检验。用直角尺及刀口尺检验工件的垂直度及直线度误差；用正弦规检测工件的角度及对称度的准确性；用千分尺检测尺寸精度。

2. 注意事项

1）V 形样板在研磨时不可左右晃动，要保持平稳。

2）在研磨时，要经常调头研磨，不可在同一位置一直研磨，以防止 V 形样板产生局部凹隙。

3）在粗研与精研时，尽量不使用同一块研磨样板。若用同一块研磨样板，则必须在用汽油将粗研磨料清洗干净后，再进行精研磨。

9.2.5 任务评价

1. 研磨质量评价（表 9-7）

表 9-7 研磨质量评价表

序号	项目	质量检测内容	配分	评分标准	实测结果	得分
1	尺寸精度	$60_{-0.06}^{0}$mm	20	每超 0.01mm 扣 2 分		
2		$50_{-0.06}^{0}$mm	10	每超 0.01mm 扣 2 分		
3	角度	90°±1′	10	超差不得分		
4	形状精度	垂直度 0.01mm	5	酌情扣分		
5		平面度 0.01mm	5	酌情扣分		
6		对称度 0.02mm	5	酌情扣分		
7	表面粗糙度	粗糙度符合要求	5	酌情扣分		
总得分						

2. 研磨任务评价

研磨任务评价见表 9-8。

表 9-8 研磨任务评价表

序号	考核项目	质量检测内容	配分	评分标准	评价结果	得分
1	加工准备（15 分）	工具、量具清单完整	5	缺 1 项扣 1 分		
		工服穿着整洁	5	酌情扣分		
		工具、量具摆放整齐	5	酌情扣分		
2	操作规范（15 分）	研磨操作正确性	8	酌情扣分		
		量具使用正确性	7	酌情扣分		
3	文明生产（10 分）	操作文明安全，工完场清	10	不符合要求不得分		
4	完成时间			每超过 10min 扣 2 分 超过 30min 不及格		
5	研磨质量	见表 9-7	60	见表 8-6		
总配分			100	总得分		

工匠故事

宁允展：高铁研磨师

宁允展，1972 年 3 月出生，中共党员，中车青岛四方机车车辆股份有限公司车辆钳工、高级技师。从业以来，宁允展扎根生产一线，主要从事高速动车组转向架研磨装配工作。凭借精湛的操作技能和高度的责任心，他打破国内高速动车组转向架制造瓶颈，为高铁列车的高品质制造做出突出贡献。截至 2018 年 5 月，他已创造了 11 年无次品的纪录，而他和他的团队研磨的转向架被装上了 1300 余列高速动车组，奔驰 23 亿多公里，相当于绕地球 5 万多圈。他主持的课题和发明的工装每年可为企业节约创效 300 多万元。宁允展曾获“全国道德模范”“中国好人”“全国五一劳动奖章”“全国最美职工”“全国职工职业道德建设标兵个人”“央企楷模”“山东好人之星年度十佳人物”等荣誉。

思考与练习

1. 研磨加工的原理是什么？研磨有什么作用？
2. 研具的材料有哪些？常用的研具有哪些？
3. 研磨剂由什么构成？
4. 磨料在研磨中起什么作用？常用的磨料有哪些？
5. 研磨液在研磨中起什么作用？研磨液需要具备什么条件？
6. 研磨剂如何配制？
7. 平面研磨方法是什么？
8. 圆柱面研磨的方法是什么？

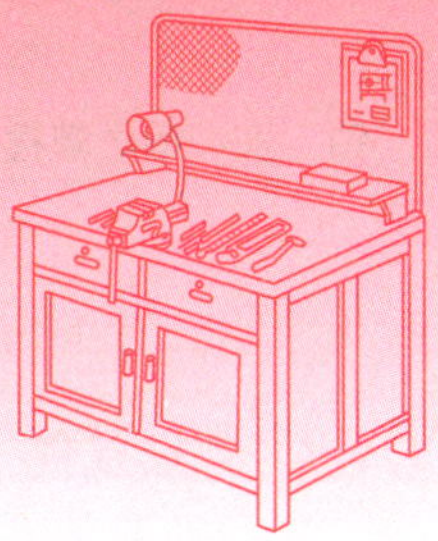

附录A

钳工国家职业技能标准（2020年版）

1. 职业概况

1.1 职业名称

钳工

1.2 编码

6-20-01-01

1.3 职业定义

从事机械设备装调、维修及相关零件加工和工装夹具制作的人员。

1.4 职业等级

本职业共设五个等级，分别为：五级/初级工、四级/中级工、三级/高级工、二级/技师、一级/高级技师。

1.5 职业环境条件

室内外，常温。

1.6 职业能力特征

具有一定的学习能力和计算能力，有一定的空间感，能辨识实物和图形资料中的细部结构，手指、手臂灵活，动作协调，无色盲，有一定的沟通表达能力。

1.7 普通受教育程度

初中毕业（或相当文化程度）。

1.8 培训参考学时

五级/初级工 500 标准学时，四级/中级工 400 标准学时，三级/高级工 350 标准学时，二级/技师 300 标准学时，一级/高级技师 250 标准学时。

1.9 职业技能鉴定要求

1.9.1 申报条件

具备以下条件之一者，可申报五级/初级工：

（1）累计从事本职业或相关职业（模具工、机床装配维修工、飞机装配工、工程机械维修工等）工作1年（含）以上。

（2）本职业或相关职业学徒期满。

具备以下条件之一者，可申报四级/中级工：

（1）取得本职业或相关职业五级/初级工职业资格证书（技能等级证书）后，累计从事本职业或相关职业工作4年（含）以上。

（2）累计从事本职业或相关职业工作6年（含）以上。

（3）取得技工学校本专业或相关专业（机电一体化技术、机械设备装配与维修、数控机床装配与维修、工程机械维修、新能源汽车制造与装配、船舶建造与维修、飞机制造与装配等）毕业证书（含尚未取得毕业证书的在校应届毕业生）；或取得经评估论证、以中级技能为培养目标的中等及以上职业学校本专业或相关专业毕业证书（含尚未取得毕业证书的在校应届毕业生）。

具备以下条件之一者，可申报三级/高级工：

（1）取得本职业或相关职业四级/中级工职业资格证书（技能等级证书）后，累计从事本职业或相关职业工作5年（含）以上。

（2）取得本职业或相关职业四级/中级工职业资格证书（技能等级证书），并具有高级技工学校、技师学院毕业证书（含尚未取得毕业证书的在校应届毕业生）；或取得本职业或相关职业四级/中级工职业资格证书（技能等级证书），并具有经评估论证、以高级技能为培养目标的高等职业学校本专业或相关专业毕业证书（含尚未取得毕业证书的在校应届毕业生）。

（3）具有大专及以上本专业或相关专业毕业证书，并取得本职业或相关职业四级/中级工职业资格证书（技能等级证书）后，累计从事本职业或相关职业工作2年（含）以上。

具备以下条件之一者，可申报二级/技师：

（1）取得本职业或相关职业三级/高级工职业资格证书（技能等级证书）后，累计从事本职业或相关职业工作4年（含）以上。

（2）取得本职业或相关职业三级/高级工职业资格证书（技能等级证书）的高级技工学校、技师学院毕业生，累计从事本职业或相关职业工作3年（含）以上；或取得本职业或相关职业预备技师证书的技师学院毕业生，累计从事本职业或相关职业工作2年（含）以上。

具备以下条件者，可申报一级/高级技师：

取得本职业或相关职业二级/技师职业资格证书（技能等级证书）后，累计从事本职业或相关职业工作4年（含）以上。

1.9.2 鉴定方式

分为理论知识考试、技能考核以及综合评审。理论知识考试以笔试、机考等方式为主，主要考核从业人员从事本职业应掌握的基本要求和相关知识要求；技能考核主要采用现场操作、模拟操作等方式进行，主要考核从业人员从事本职业应具备的技能水平；综合评审主要针对技师和高级技师，通常采取审阅申报材料、答辩等方式进行全面评议和审查。

理论知识考试、技能考核和综合评审均实行百分制，成绩皆达 60 分（含）以上者为合格。

1.9.3　监考人员、考评人员与考生配比

理论知识考试中的监考人员与考生配比为 1∶15，且每个考场不少于 2 名监考人员；技能考核中的考评人员与考生配比不低于 1∶5，且考评人员为 3 人（含）以上单数；综合评审委员为 3 人（含）以上单数。

1.9.4　鉴定时间

理论知识考试时间不少于 120min；技能考核时间：五级/初级工不少于 240min，四级/中级工不少于 300min，三级/高级工不少于 330min，二级/技师、一级/高级技师不少于 360min；综合评审时间不少于 30min。

1.9.5　鉴定场所设备

理论知识考试在标准教室或机房进行，技能考核在具有钳台、虎钳、台钻、平板、砂轮机、钳工工具等设施设备的场地进行。

2. 基本要求

2.1　职业道德

2.1.1　职业道德基本知识

2.1.2　职业守则

（1）遵章守法，忠于祖国。

（2）恪尽职守，爱岗敬业。

（3）严守规程，安全操作。

（4）勇于创新，精益求精。

（5）爱护设备，文明生产。

2.2　基础知识

2.2.1　基础理论知识

（1）机械识图知识。

（2）公差配合与测量基础知识。

（3）常用金属材料及热处理知识，

（4）机械基础知识。

（5）气压传动及液压传动基础知识。

（6）CAD/CAM 软件使用基础知识。

2.2.2　钳工基础知识

（1）划线知识。

（2）钳工操作知识（錾削、锉削、锯削、钻孔、铰孔、攻螺纹、套螺纹）。

（3）机械装调知识。

（4）机械设备维护、维修与保养知识。

2.2.3　机械加工知识

（1）机械制造工艺基础知识。

（2）金属切削原理及刀具基础知识。

（3）常用工具、夹具、量具使用与维护知识。

（4）设备润滑及切削液的使用知识。

2.2.4　电工知识

（1）通用设备、常用电器的种类及用途。

（2）电力拖动及控制原理基础知识

（3）安全用电知识

（4）电工与电子技术基础知识

2.2.5　安全文明生产与环境保护知识

（1）现场文明生产要求。

（2）安全操作与劳动保护知识。

（3）环境保护知识。

2.2.6　质量管理知识

（1）企业的质量方针。

（2）岗位质量要求。

（3）岗位质量保证措施与责任。

2.2.7　相关法律、法规知识

（1）《中华人民共和国劳动法》相关知识。

（2）《中华人民共和国劳动合同法》相关知识。

（3）《中华人民共和国环境保护法》相关知识。

3. 工作要求

本标准对五级/初级工、四级/中级工、三级/高级工、二级/技师、一级/高级技师的技能要求和相关知识要求依次递进，高级别涵盖低级别的要求（结合高职学生的考证实际，以下只列出了四级/中级工和三级/高级工两个等级的要求）。

3.1　五级/初级工（略）

3.2　四级/中级工

职业功能	工作内容	技能要求	相关知识要求
1. 基本作业	1.1 锯削锉削、錾削加工	1.1.1 能锯削断面平面度公差 0.5mm、尺寸精度 IT11、直径 $\phi30$～$\phi50$mm 的圆钢	1.1.1 錾子的种类、制造材料和热处理知识 1.1.2 錾子的切削角度和刃磨要求

（续）

职业功能	工作内容	技能要求	相关知识要求
1. 基本作业	1.1 锯削锉削、錾削加工	1.1.2 能按照加工要求选择锉刀，并锉削平面度公差 0.05mm、尺寸精度 IT8、表面粗糙度 $Ra3.2\mu m$、50mm×25mm×25mm 的钢件 1.1.3 能錾削尺寸精度 IT11、20mm×3mm×2mm 的沟槽	1.1.3 锯弓的种类及锯条的规格和选用知识 1.1.4 锉刀的种类、规格、选用和保养知识 1.1.5 尺寸精度及测量知识
	1.2 孔、螺纹加工	1.2.1 能钻削尺寸精度 IT9、位置度公差 $\phi0.2mm$、表面粗糙度 $Ra2.5\mu m$ 的孔 1.2.2 能铰削尺寸精度 IT7、表面粗糙度 $Ra0.8\mu m$ 的孔 1.2.3 能攻制 M20 以下的螺纹	1.2.1 标准麻花钻的切削特点、刃磨和一般修磨方法 1.2.2 群钻的结构特点和切削特点 1.2.3 铰刀的切削特点、结构、种类、选用和铰削用量的选择知识 1.2.4 丝锥折断的处理方法
	1.3 刮削研磨加工	1.3.1 能刮削平板、方箱，并达到以下要求：25mm×25mm 范围内接触点不少于 16 点、表面粗糙度 $Ra0.8\mu m$、直线度公差 0.02mm/1000mm 1.3.2 能刮削轴瓦，并达到以下要求：25mm×25mm 范围内接触点为 16～20 点、圆柱度公差 $\phi0.02mm$、表面粗糙度 $Ra1.6\mu m$ 1.3.3 能研磨 $\phi80mm\times400$ mm 的轴孔，并达到以下要求：圆柱度公差 $\phi0.02mm$、表面粗糙度 $Ra0.8\mu m$	1.3.1 原始平板的刮研方法 1.3.2 机床导轨的技术要求、类型特点、截面形状及组合形式 1.3.3 机床导轨的精度和检测方法 1.3.4 圆柱表面的研磨方法 1.3.5 导轨刮削的基本方法及检测方法 1.3.6 曲面刮削的基本方法及检测方法 1.3.7 孔的研磨方法及检测方法
	1.4 工具制作和刀具刃磨	1.4.1 能制作简单的辅助工具及夹具 1.4.2 能刃磨标准麻花钻 1.4.3 能研磨铰刀、修磨磨损的丝锥，以使其恢复切削功能	1.4.1 夹具的分类、作用和组成，以及典型夹具的结构特点 1.4.2 夹具的装配、调试知识 1.4.3 铰刀的研磨方法 1.4.4 丝锥的修磨方法
2. 机械设备装调	2.1 设备装配	2.1.1 能按技术要求进行机床主轴、齿轮泵、变速箱、工作台等部件的装配 2.1.2 能按技术要求进行液压千斤顶、液压卡盘控制系统、数控车床门开关气动控制系统等气动或液压系统的装配 2.1.3 能按技术要求进行活塞组件、缸盖组件等内燃机部（组）件的装配	2.1.1 机械传动装置的结构及工作原理 2.1.2 车床、铣床、磨床等中型机床的工作原理和结构 2.1.3 装配尺寸链知识 2.1.4 机床装配、检测方法及标准 2.1.5 变速箱的装配工艺 2.1.6 内燃机的结构、组成和工作原理
	2.2 设备调试	2.2.1 能按技术要求进行机床主轴、齿轮泵、变速箱、工作台等部件的调试 2.2.2 能按技术要求进行液压千斤顶、液压卡盘控制系统、数控车床门开关气动控制系统等气动或液压系统的调试 2.2.3 能按技术要求进行活塞组件、缸盖组件等内燃机部（组）件的调试	2.2.1 机床主轴、齿轮泵、变速箱、工作台等部件的运行及调试知识 2.2.2 常见机床夹具调试知识 2.2.3 设备安全运行知识 2.2.4 滚动轴承、滑动轴承调试方法 2.2.5 设备调试工具、仪器的选用知识

（续）

职业功能	工作内容	技能要求	相关知识要求
3. 机械设备保养与维护	3.1 设备维护与保养	3.1.1 能按技术要求进行车床、铣床等中型切削机床的二级维护与保养 3.1.2 能按技术要求进行弯管机、油压机等中型压力机床的维护与保养 3.1.3 能按技术要求进行小功率内燃机的维护与保养	3.1.1 车床、铣床等中型切削机床的二级维护与保养相关知识 3.1.2 润滑油脂的分类及应用知识 3.1.3 小功率内燃机的维护与保养知识
	3.2 设备维修	3.2.1 能按技术要求进行机床主轴、齿轮泵、变速箱、工作台等部件的维修 3.2.2 能按技术要求进行液压千斤顶、液压卡盘控制系统、数控车床门开关气动控制系统等气动或液压系统的维修 3.2.3 能按技术要求进行活塞组件、缸盖组件等内燃机部（组）件的维修	3.2.1 车床、铣床等常用设备的故障诊断及排除方法 3.2.2 零件的拆卸方法 3.2.3 设备故障检测工具、仪器的选用知识

3.3 三级/高级工

职业功能	工作内容	技能要求	相关知识要求
1. 基本作业	1.1 专用工具的使用和刀刃具的刃磨	1.1.1 能按不同的使用要求正确使用检验工具等专用工具 1.1.2 能按不同的使用要求对 ϕ50mm 以上大钻头、油槽刀等特殊刀具进行刃磨	1.1.1 检验工具等专用工具的原理及使用知识 1.1.2 大钻头、油槽刀等特殊刀具的刃磨工艺知识
	1.2 锉削及孔、螺纹加工	1.2.1 能按加工要求选择锉刀锉削 20mm×50mm 的平面，并达到以下要求：平面度公差 0.03mm、尺寸精度 1T7、表面粗糙度 $Ra3.2\mu m$ 1.2.2 能钻削、扩削、铰削高精度孔系，并达到以下要求：尺寸精度 IT7、位置度公差 ϕ0.1mm、表面粗糙度 $Ra1.6\mu m$	1.2.1 提高锉削精度和表面质量的方法 1.2.2 圆弧面的锉削方法 1.2.3 钻削、扩削、铰削高精度孔系的方法
	1.3 刮削、研磨加工	1.3.1 能刮削平板、燕尾形导轨，并达到以下要求：1级精度（25 mm×25mm 范围内接触点不少于 20 点）、表面粗糙度 $Ra0.4\mu m$、直线度公差 0.01mm/1000mm 1.3.2 能进行多瓦式动压滑动轴承的刮削，并达到以下要求：25mm×25mm 范围内接触点为 16～20 点、同轴度公差 ϕ0.02mm、表面粗糙度 $Ra1.6\mu m$ 1.3.3 能研磨 ϕ100mm×400mm 的孔，并达到以下要求：圆柱度公差 ϕ0.015mm、表面粗糙度 $Ra0.4\mu m$	1.3.1 提高刮削精度的方法 1.3.2 提高研磨质量的方法 1.3.3 超精密表面的检测方法
	1.4 夹具样板或量具制作	1.4.1 能进行手工制作及研磨样板或量具 1.4.2 能按技术要求进行异形零件等零件夹具的制作 1.4.3 能按技术要求进行机械部件装配工装夹具的制作	1.4.1 样板或量具制作工艺知识 1.4.2 精密手工研磨方法和测量知识 1.4.3 工装夹具的装配知识 1.4.4 精密工装夹具的运行及调试知识 1.4.5 精密工装夹具修复工艺的编制知识

（续）

职业功能	工作内容	技能要求	相关知识要求
2. 机械设备装调	2.1 设备装配	2.1.1 能按技术要求进行车床、铣床等切削机床功能部件的整机装配 2.1.2 能按技术要求进行油压机、磨床等中型机械设备气动或液压系统的装配 2.1.3 能按技术要求进行小功率内燃机等设备功能部件的整机装配	2.1.1 车床、铣床等切削机床的工作环境与安装要求 2.1.2 车床、铣床等切削机床整机装配的工艺知识 2.1.3 小功率内燃机整机装配的工艺知识 2.1.4 气动或液压系统装配、检测方法及标准
	2.2 设备调试	2.2.1 能按技术要求进行车床、铣床等切削机床的整机调试 2.2.2 能按技术要求进行油压机、磨床等中型通用设备气动或液压系统的调试 2.2.3 能按技术要求进行小功率内燃机的整机调试	2.2.1 车床、铣床、磨床等中型通用设备的运行及调试知识 2.2.2 气动或液压系统的调试知识 2.2.3 小功率内燃机的整机调试知识
	2.3 设备检测	2.3.1 能按检测要求选用球杆仪等精密检测仪器 2.3.2 能按技术要求检测滚动轴承、滑动轴承精度指标 2.3.3 能按技术要求检测车床、铣床等切削机床的功能和性能指标 2.3.4 能按技术要求检测油压机、磨床等中型通用设备气动或液压系统的功能和性能指标 2.3.5 能按技术要求检测小功率内燃机的功能和性能指标	2.3.1 常用检测工量具的使用与保养知识 2.3.2 球杆仪等精密检测仪器的使用方法与保养知识 2.3.3 滚动轴承、滑动轴承的检测方法 2.3.4 车床、铣床、磨床等中型通用设备性能的国家标准及行业标准 2.3.5 机床和小功率内燃机等设备功能和精度的检测方法
3. 机械设备保养与维修	3.1 设备维护与保养	3.1.1 能按技术要求进行磨床等切削机床的二级维护与保养 3.1.2 能按技术要求进行液压工作站的二级维护与保养 3.1.3 能按技术要求进行工业机器人工作站、自动化生产线等设备的二级维护与保养	3.1.1 磨床的二级维护与保养相关知识 3.1.2 液压工作站的二级维护与保养相关知识 3.1.3 工业机器人工作站、自动化生产线等设备的二级维护与保养相关知识
	3.2 设备维修	3.2.1 能正确分析滚动轴承、滑动轴承部件和车床、铣床、油压机、磨床、小功率内燃机等设备故障产生的原因并进行故障判断 3.2.2 能按技术要求进行车床、铣床等切削机床的整机维修 3.2.3 能按技术要求进行油压机、磨床等中型通用设备气动或液压系统的维修 3.2.4 能按技术要求进行小功率内燃机的整机维修	3.2.1 复杂气动或液压系统的结构与工作原理 3.2.2 复杂气动或液压系统及小功率内燃机的故障诊断与排除方法 3.2.3 复杂气动或液压系统及小功率内燃机整机维修的工艺知识 3.2.4 机床整机维修的工艺知识

3.4 二级/技师（略）

3.5 一级/高级技师（略）

4. 权重表

4.1 理论知识权重表

项目		技能等级	
		四级/中级工(%)	三级/高级工(%)
基本要求	职业道德	5	5
	基础知识	15	10
相关知识要求	基本作业	30	20
	机械设备装调	30	30
	机械设备保养与维修	20	35
	技术指导与革新	—	—
合计		100	100

4.2 技能要求权重表

项目		技能等级	
		四级/中级工(%)	三级/高级工(%)
基本要求	基本作业	30	20
	机械设备装调	35	40
	机械设备保养与维修	35	40
	技术指导与革新	—	—
合计		100	100

附录B

钳工四级理论知识模拟试卷

一、单项选择题（第 1 题~第 60 题。选择一个正确的答案，将相应的字母填入题内的括号中。每题 1 分，满分 60 分。）

1. 在社会生活和人们的职业活动中，不符合平等尊重的是（　　）

A. 尊卑有别　　B. 一视同仁　　C. 平等相待　　D. 互相尊重

2. 顾全大局，是指在处理个人和集体利益的关系上要树立全局观念，（　　），自觉服从整体利益的需求。

A. 人心叵测，谨慎行事　　B. 不计较个人利益

C. 顾全大局，平均分配　　D. 只有合作，不要竞争

3. 在企业生产经营活动中，要求员工遵纪守法是（　　）。

A. 领导者人为规定　　B. 约束人的体现

C. 追求利益的体现　　D. 保证经济活动正常进行所决定的

4. 对零件进行形体分析，确定主视图方向是绘制零件图的（　　）

A. 第一步　　B. 第二步　　C. 第三步　　D. 第四步

5. 国标规定螺纹的牙顶用（　　）。

A. 虚线　　B. 细实线　　C. 点画线　　D. 粗实线

6. 常用千分尺测量范围每隔（　　）mm 为一档规格。

A. 25　　B. 50　　C. 100　　D. 150

7. （　　）常用来检验工件表面或设备安装的水平情况。

A. 测微仪　　B. 轮廓仪　　C. 百分表　　D. 水平仪

8. 孔的下极限尺寸与轴的上极限尺寸之代数差为负值叫（　　）。

A. 最大间隙　　B. 最大过盈　　C. 最小间隙　　D. 间隙差

9. 表面粗糙度基本特征符号√表示（　　）。

A. 用去除材料的方法获得的表面　　B. 无具体意义，不能单独使用

C. 用不去除材料的方法获得的表面　　D. 任选加工方法获得的表面

10. （　　）是靠刀具和工件之间做相对运动来完成的。

A. 焊接　　B. 金属切削加工　　C. 锻造　　D. 切割

11. 液压传动是依靠（　　）来传递动力的。

A. 油液内部的压力　　B. 密封容积的变化

C. 油液的流动　　D. 活塞的运动

12. 液压系统中的执行部分是指（　　）。

A. 液压泵　B. 液压缸　C. 各种控制阀　D. 输油管、油箱等

13. 国产液压油的使用寿命一般为（　　）。

A. 三年　B. 二年　C. 一年　D. 一年以上

14. 长方体工件定位，在主要基准面上应分布（　　）支承点，并要在同一平面上。

A. 一个　B. 两个　C. 三个　D. 四个

15. 利用已精加工且面积较大的导向平面定位时，应选择的基本支承为（　　）。

A. 支承板　B. 支承钉　C. 自位支承　D. 可调支承

16. 电线穿过门窗及其他（　　）应加套磁管。

A. 塑料管　B. 木材　C. 铝质品　D. 可燃材料

17. 接触器是一种（　　）的电磁式开关。

A. 间接　B. 直接　C. 非自动　D. 自动

18. 渗碳零件用钢是（　　）。

A. 20Cr　B. 45　C. T10　D. T4

19. 将钢件加热、保温，然后在空气中冷却的热处理工艺叫（　　）。

A. 正火　B. 退火　C. 回火　D. 淬火

20. 用 W18Cr4V 钢制作的车刀，淬火后应进行（　　）。

A. 一次高温回火　B. 一次中温回火　C. 一次低温回火　D. 多次高温回火

21. 錾削铜、铝等软材料时，楔角取（　　）。

A. 30°~50°　B. 50°~60°　C. 60°~70°　D. 70°~90°

22. 锯条有了锯路后，使工件上的锯缝宽度（　　）锯条背部的厚度，从而防止了夹锯。

A. 小于　B. 等于　C. 大于　D. 小于或等于

23. 对孔的表面粗糙度影响较大的是（　　）。

A. 切削速度　B. 钻头刚度　C. 钻头顶角　D. 进给量

24. M3 以上的圆板牙尺寸可调节，其调节范围是（　　）。

A. 0.1~0.5mm　B. 0.6~0.9mm　C. 1~21.5mm　D. 2~1.5mm

25. 要在铸铁工件上攻螺纹，其底孔直径应是螺纹大径减去（　　）。

A. 一个螺距　B. 1.05 个螺距　C. 2 个螺距　D. 0.5 个螺距

26. 加工零件的特殊表面用（　　）刀。

A. 普通锉　B. 整形锉　C. 特种锉　D. 板锉

27. 在研磨过程中，研磨剂中微小颗粒对工件产生微量的切削作用，这一作用即是（　　）作用。

A. 物理　B. 化学　C. 机械　D. 科学

28. 研具的材料有灰铸铁，而（　　）材料因嵌存磨料的性能好，强度高，目前也得到广泛应用。

A. 软钢　B. 铜　C. 球墨铸铁　D. 可锻铸铁

29. 主要用于碳素工具钢，合金工具钢，高速工具钢工件研磨的磨料是（　　）。

A. 氧化物磨料　B. 碳化物磨料　C. 金刚石磨料　D. 氧化铬磨料

30. 棒料和轴类零件在矫正时会产生（　　）变形。

A. 塑性　B. 弹性　C. 塑性和弹性　D. 扭曲

31. 中性层的实际位置与材料的（　　）有关。

A. 弯形半径和材料厚度　B. 硬度

C. 长度　D. 强度

32. 为防止弯曲件拉裂（或压裂），必须限制工件的（　　）。

A. 长度　B. 弯曲半径　C. 材料　D. 厚度

33. 在零件图上用来确定其他点、线、面位置的基准称为（　　）基准。

A. 设计　B. 划线　C. 定位　D. 修理

34. 按规定的技术要求，将若干个零件结合成部件或若干个零件和部件结合成机器的过称为（　　）。

A. 部件装配　B. 总装配　C. 零件装配　D. 装配

35. 拆卸精度（　　）的零件，采用拉拔法。

A. 一般　B. 较低　C. 较高　D. 很高

36. 尺寸链中，封闭环（　　）等于各组成环公差之和。

A. 公称尺寸　B. 上极限偏差　C. 下极限偏差　D. 公差

37. 制订装配工艺规程原则是（　　）。

A. 保证产品装配质量　B. 成批生产

C. 确定装配顺序　D. 合理安排劳动力

38. 编制（　　）的方法首先是对产品进行分析。

A. 工艺卡片　B. 工序卡片　C. 工艺过程　D. 工艺规程

39. 分度头中手柄心轴上的蜗杆为单头，主轴上的蜗轮齿数为40，当手柄转过一周，分度头主轴转过（　　）周。

A. 1　B. 1/2　C. 1/4　D. 1/40

40. 钻床开动后，操作中允许（　　）。

A. 用棉纱擦钻头　B. 测量工作　C. 手触钻头　D. 钻孔

41. （　　）主轴最高转速是1360r/min。

A. Z3040　B. Z525　C. Z4012　D. CA6140

42. 用（　　）使预紧力达到给定值的方法是控制扭矩法。

A. 套筒扳手　B. 测力扳手　C. 通用扳手　D. 专业扳手

43. 在拧紧圆形或方形布置的成组螺纹时，必须（　　）。

A. 对称地进行　B. 从两边开始对称进行

C. 从外向里　D. 无序

44. 销连接有圆柱销连接和（　　）连接两类。

A. 锥销　B. 圆销　C. 扁销　D. 圆锥销

45. 带轮相互位置不准确会引起带张紧不均匀而过快磨损，对中心距（　　）测量方法是长直尺。

A. 大　B. 小　C. 不小　D. 不大

46. 链传动的损坏形式有（　　）、链和链轮磨损及链断裂等。

A. 链被拉长　B. 脱链

C. 轴颈弯曲　D. 链和链轮配合松动

47. 蜗杆与蜗轮的轴线相互间有（　　）关系。

A. 平行　B. 重合　C. 倾斜　D. 垂直

48. 蜗杆副正确的接触斑点位置应在（　　）位置。

A. 蜗杆中间　B. 蜗轮中间

C. 蜗轮中部稍偏蜗杆旋出方向　D. 蜗轮中部稍偏蜗轮旋出方向

49.（　　）的装配技术要求要联接可靠，受力均匀，不允许有自动松脱现象。

A. 牙嵌离合器　B. 磨损离合器

C. 凸缘联轴器　D. 滑块联轴器

50. 圆锥式摩擦离合器在装配时必须用（　　）方法检查两圆锥面接触情况。

A. 跑合　B. 压铅　C. 仪器测量　D. 涂色

51. 离合器是一种使主从动轴接合或分开的（　　）。

A. 联接装置　B. 安全装置　C. 定位装置　D. 传动装置

52. 整体式向心滑动轴承装配时，对轴套的检验除了测定圆度误差及尺寸外，还要检验轴套孔中心线对轴套端面的（　　）误差。

A. 位置度　B. 垂直度　C. 对称度　D. 倾斜度

53. 滑动轴承的主要特点之一是（　　）。

A. 摩擦小　B. 效率高　C. 工作可靠　D. 装拆方便

54. 配气机构按照内燃机的（　　），定时地打开或关闭进气门或排气门，使空气或可燃混合气进入气缸或从气缸中排出废气。

A. 活塞往复次数　B. 工作顺序　C. 冲程数　D. 结构

55. 当活塞到达上死点，缸内废气压力（　　）大气压力，排气门迟关一些，可使废气排得干净些。

A. 低于　B. 等于　C. 高于　D. 低于或等于

56. 按工作过程的需要，（　　）向气缸内喷入一定数量的燃料，并使其良好雾化，与空气形成均匀可燃气体的装置叫供给系统。

A. 不定时　B. 随意　C. 每经过一次　D. 定时

57. 用检查棒校正丝杠螺母副同轴度时，为消除检验棒在各支承孔中的安装误差，可将检验棒转过（　　）后再测量一次，取其平均值。

A. 60°　B. 180°　C. 90°　D. 360°

58. 千斤顶在（　　）必须检查蜗杆、螺母磨损情况，磨损超过25%就不能使用。

A. 使用前　B. 使用后　C. 入库前　D. 入库后

59. 工作时（　　）穿工作服和鞋。

A. 可根据具体情况　B. 必须

C. 可以不　D. 无限制

60. 下列不符合文明生产要求的做法是（　　）。

A. 下班前搞好工作现场的环境卫生　B. 爱惜企业的设备工具和材料

C. 工具使用后按规定放置到工具箱中　D. 冒险带电作业

二、判断题（第 61 题~第 100 题。将判断结果填入括号中。正确的填“√，错误的填“×”。每题 1 分，满分 40 分）

（ ）61. 职业道德的内涵就是从事一定职业的人们在职业活动中依靠社会舆论来维持的行为规范。

（ ）62. 若向企业员工灌输的职业道德太多，容易使员工产生谨小慎微的观念。

（ ）63. 零件图上不必注出生产过程的技术要求。

（ ）64. 三视图投影规律是主、俯视图长对正，主、左视图高平齐，俯、左视图宽相等。

（ ）65. 划规用来划圆、圆弧、等分线段、等分角度以及量取尺寸等。

（ ）66. 当在表面粗糙度代号上标注轮廓算术平均偏差时，省略“Ra”符号。

（ ）67. 机械传动是采用带轮、齿轮、轴等机械零件组成的传动装置来进行能量的传递。

（ ）68. 齿轮传动噪声大，不适用于大距离传动，制造装配要求高。

（ ）69. 液压系统产生故障之一——爬行的原因是空气混入液压系统。

（ ）70. 液压系统油温过高不影响机床精度和正常工作。

（ ）71. 刀具材料的硬度越高，则强度和韧性越低。

（ ）72. 砂轮的硬度和磨粒的硬度，其概念是相同的。

（ ）73. 选择夹紧力的作用方向应不破坏工件定位的准确性和保证尽可能小的夹紧力。

（ ）74. 标准器具误差反映到计量器具上而引起的测量误差称为操作程序误差。

（ ）75. 利用分度头可在工件上划出圆的等分线或不等分线。

（ ）76. 錾削油槽时，錾子的后角要随曲面而变动，倾斜度保持不变。

（ ）77. 推锉法是从两个交叉方向对工件进行锉削，锉刀易掌握平稳，容易把工件锤平。

（ ）78. 锯硬材料时，要选择粗齿锯条，以便提高工作效率。

（ ）79. 薄板群钻的钻尖高度比两切削刃外缘刀尖低。

（ ）80. 钻孔时所用切削液的种类和作用与加工材料和加工要求无关。

（ ）81. 丝锥校准部分的大径、中径、小径均有（0.05~0.12）mm/100mm 的倒锥。

（ ）82. 煤油、汽油、工业甘油均可作研磨液。

（ ）83. 当薄板有微小扭曲时，可用抽条从左至右抽打平面。

（ ）84. 转速高的大齿轮装在轴上后应作平衡检查，以免工作时产生过大振动。

（ ）85. 把影响某一装配精度的有关尺寸彼此按顺序地连接起来可形成一个封闭图形，即所谓装配尺寸链，就是指这些相互关联尺寸的总称。

（ ）86. 分度头主要由壳体、壳体中的鼓形回转体、主轴分度机构和分度盘等组成。

（ ）87. 立式钻床的主要部件包括主轴变速箱、进给变速箱、主轴和进给手柄。

（ ）88. 装配紧键时，用选配法检查键上下表面与轴和毂槽接触情况。

（ ）89. 圆柱销一般靠过盈固定在轴上，用以定位和连接。

（ ）90. 过盈连接装配后，孔的直径被压缩轴的直径被胀大。

（ ）91. 在带传中，不产生打滑的带是平带。

(　　) 92. 影响齿轮传动精度的因素包括齿轮加工精度、齿轮的精度等级，齿轮副的侧隙要求及齿轮副的接触斑点要求。

(　　) 93. 齿轮的跑合方式有电火花跑合和加载跑合两种。

(　　) 94. 车床丝杠的横向和纵向进给运动是螺旋传动。

(　　) 95. 轴向间隙直接影响丝杠螺母副的传动精度。

(　　) 96. 液体静压轴承是用液压泵把高压油送到轴承间隙，强制形成油膜，靠液体的静压平衡外载荷。

(　　) 97. 轴承合金具有良好的耐磨性 且强度高。

(　　) 98. 精密轴承部件装配时，可采用百分表，对轴承预紧的错位量进行测量，以获得准确的预紧力。

(　　) 99. 钻床钻孔时，主轴未停稳不准捏停钻夹头。

(　　) 100. 工业企业在计划期内生产的符合质量的工业产品实物量叫产品产量。

附录C

钳工四级技能操作模拟试卷

注意事项：

1. 请考生仔细阅读试题的具体考核要求，并按要求完成操作。

2. 操作技能考核时要遵守考场纪律，服从考场管理人员指挥，以保证考核安全顺利进行。

3. 本题分值：100 分。

4. 考核时间：240min。

正方拼块试题

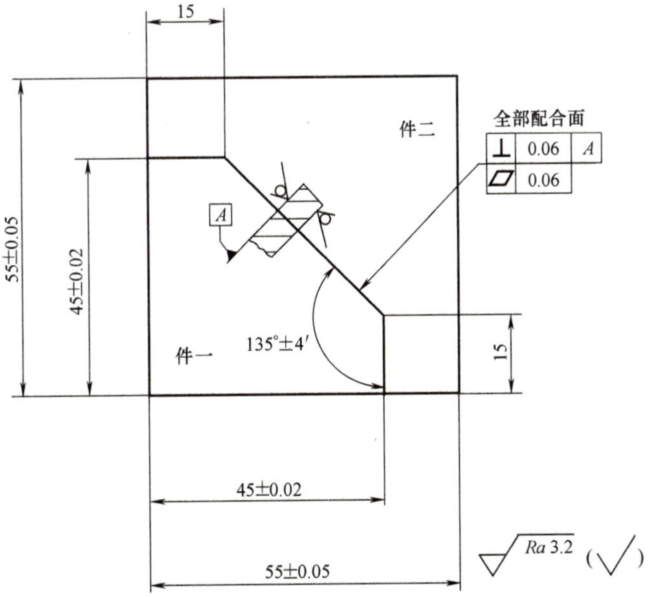

技术要求：

1. 以件一为基准配作件二。
2. 配合互换间隙≤0.06mm。
3. 翻转配合错位量≤0.04mm。

钳工四级技能操作考核评分记录表

考件编号：__________ 姓名：__________ 学号：__________ 得分：__________

序号	考核项目	评分要素	配分	评分标准	检测结果	扣分	得分	备注
1	锉削	(45±0.02)mm(2处)	8	一处超差0.02mm扣2分				
		15mm(2处)	6	一处不合格扣3分				
		135°±4′(2处)	10	一处超差5′扣2.5分				
		(55±0.05)mm(2处)	8	一处超差0.02mm扣2分				
		⊥ 0.06 A	10	超差0.02扣5分				
		▱ 0.06	10	超差0.02扣5分				
		$Ra3.2\mu m$(12处)	10	每处每降一级扣1分				
2	配合	(55±0.05)mm(2处)	10	每处超差0.02mm扣2.5分				
		配合互换间隙≤0.06mm(6处)	18	每处超差0.02mm扣1.5分				
		翻转错位量≤0.04mm	10	每处超差0.02mm扣2.5分				
3	现场考核	工具、量具使用正确，清理现场，安全文明操作		工具、量具使用错一件从总分扣1分，未清理现场扣5分，每违反一项规定从总分中扣5分，严重违规停止操作				
4	考核时限	在规定时间内完成		超时停止操作				
合计			100					

参考文献

［1］ 杨晓斌. 钳工实训项目化教程［M］. 北京：化学工业出版社，2016.

［2］ 明岩. 钳工实训指导书［M］. 北京：中国广播电视大学出版社，2005.

［3］ 王国玉，苏全卫. 钳工技术项目教程［M］. 北京：外语教学与研究出版社，2011.

［4］ 刘林. 机械钳工技能实训指导书［M］. 北京：中国铁道出版社，2008.

［5］ 汤勇杲. 钳工技能项目教程［M］. 北京：机械工业出版社，2014.

［6］ 孙德英，金海新. 钳工技能实训指导教程［M］. 北京：机械工业出版社，2017.

［7］ 人力资源和社会保障部教材办公室. 钳工工艺学［M］. 5版. 北京：中国社会劳动保障出版社，2014.

［8］ 马韧宾. 钳工工艺学［M］. 北京：中国劳动社会保障出版社，2014.

［9］ 童永华，冯忠伟. 钳工技能实训［M］. 北京：北京理工大学出版社，2018.

［10］ 汪哲能. 钳工工艺与技能训练［M］. 北京：机械工业出版社，2020.

［11］ 柴增田. 钳工实训［M］. 2版. 北京：机械工业出版社，2019.

［12］ 张国军，彭磊. 钳工技术及技能训练［M］. 北京：机械工业出版社，2021.

［13］《大国工匠》节目组. 大国工匠［M］. 北京：新世界出版社，2019.